SHOW ME THE SCIENCE

내일의 과학자를 위해
오늘의 과학자가 여는
사이언스 특강

쇼미더사이언스

1판 1쇄 찍은날 2016년 10월 25일
1판 4쇄 펴낸날 2020년 6월 15일

글쓴이 | 정재승 외
펴낸이 | 정종호
펴낸곳 | (주)청어람미디어

책임편집 | 윤정원
마케팅 | 황효선
제작 · 관리 | 정수진
인쇄 · 제본 | (주)에스제이피앤비

등록 | 1998년 12월 8일 제22-1469호
주소 | 03908 서울 마포구 월드컵북로 375, 402호
이메일 | chungaram@naver.com
블로그 | chungarammedia.com
전화 | 02-3143-4006～8
팩스 | 02-3143-4003

ISBN 979-11-5871-035-4 03400
잘못된 책은 구입하신 서점에서 바꾸어 드립니다.
값은 뒤표지에 있습니다.

이 도서의 국립중앙도서관 출판시도서목록(CIP)은 e-CIP 홈페이지(http://www.nl.go.kr/ecip)와
국가자료공동목록시스템(http://www.nl.go.kr/kolisnet)에서 이용하실 수 있습니다.
(CIP제어번호 : CIP2016025063)

내일의 과학자를 위해
오늘의 과학자가 여는
사이언스 특강

정재승　　지은지
윤형섭　　박재용
권용주　　박　솔
김지연　　정제형
김연중　　배현진
김대중　　민태홍
한정규　　꿈꾸는과학

지음

청어람미디어

| 머리말 |

과학을 보여줄게요, 과학을 꿈꾸세요!

최근 〈쇼미더머니〉라는 예능 프로그램이 선풍적인 인기를 끌었습니다. 래퍼들이 출연해 자신의 랩 실력을 뽐내고 경연을 거쳐 우승자를 가려내는 서바이벌 프로그램이었죠. 이 방송을 보고 청소년들은 랩을 따라 하고 힙합 뮤지션, 그리고 래퍼라는 꿈을 키우기도 했습니다.

그럼 청소년들이 과학자의 꿈을 키우려면 어떻게 해야 할까요? 과학자들도 서바이벌 오디션에 참여해야 할까요? 그렇게 할 수는 없어서 저희는 '10월의 하늘'이라는 이름의 과학 강연회를 열고 있습니다. 과학을 접할 기회가 많지 않은 청소년에게 현직 과학자는 물론 공학자, 의사, 과학저술가들이 직접 다가가 과학에 대한 관심을 불러일으킬 수 있는 재미있는 강연을 펼치는 것이지요. 청소년들이 과학에 대해 꿈을 꾸고 장차 미래의 과학자로 성장할 수 있도록 도와주는 인큐베이터 역할을 하는 것이 '10월의 하늘'의 목적입니다. 그리고 이 책은 누구나 쉽게 '10월의 하늘'에서 선보인 강연을 볼 수 있도록 재미있는 강연들을 골라 묶은, '10월의 하늘'의 네 번째 책입니다.

2010년부터 시작된 '10월의 하늘'은 매년 10월 마지막 주 토요일, 전국 중소 규모의 도서관에서 일제히 열립니다. 과학자를 만날 기회가 좀처럼 없는 시골이나 작은 도시에 사는 청소년들이 이날 모두 도서관에 모여 과학의 즐거움을 만끽하는 것이지요. 학생들의 반응은 늘 뜨겁습니다. 강연을 듣기 위해 읍내에서 1시간 30분이나 차를 타고 온 학생부터, 과학자를 처음 본다며 만지려는 장난꾸러기까지, 그들의 호기심 가득 찬 눈빛을 보면 강연자들의 가슴도 함께 뜨거워집니다.

특히 '10월의 하늘'은 기획에서 준비, 당일 강연 및 행사 진행에 이르는 전 과정이 오로지 기부자들의 재능 나눔으로 이루어집니다. 과학 강연을 기부하겠다고 자원한 분이라면 누구나 할 수 있고, 과학의 즐거움을 아이들과 함께 나누고자 한다면 누구나 진행자로 참여할 수 있습니다.

'10월의 하늘'을 통해 강연자는 자신이 과학의 길에 들어서던 날, 그날의 초심을 되돌아볼 수 있고, 기부자는 자신이 가진 재능을 타인과 나누는 기쁨을 맛볼 수 있으며, 아이들은 자연과 과학의 경이로움을 느끼고 과학에 대한 꿈을 키워나갈 수 있게 됩니다.

민감한 사춘기 시절, 누군가의 한마디로 우주와 자연과 생명의 경이로움에 매혹된 청소년들은 그날부터 과학자를 꿈꿉니다. 우주를 탐구하고 생명의 기원을 실증적으로 고민하는 과학자의 삶이 고귀하다는 걸 깨닫는 순간, 세상이 뭐라 해도 과학자의 꿈을 놓지 않습니다.

영화 〈옥토버 스카이〉의 주인공 호머도 그러했습니다. '10월의 하늘'이란 이름도 이 영화에서 탄생한 것이지요. 이 영화는 탄광촌에 살던 소년 호머가 소련에서 쏘아 올린 '하늘을 날아오르는 별', 인공위성에 관한 뉴스를 보고 로켓 과학자의 꿈을 키우다 마침내 미 항공우주국NASA의 로켓 과학자가 된다는 감동 실화를 다루고 있습니다. 이는 영화에서만 벌어지는 일이 아닙니다. 지금 과학자로 살아가고 있는 많은 사람이 인생의 중요한 시기에 '호머의 인공위성'을 만나게 된다고 합니다. 그것은 수학 선생님이 해준 한마디의 격려일 수도 있고 우연히 듣게 된 과학자의 강연일 수도 있습니다.

'10월의 하늘'은 이렇듯 내일의 과학자들에게 '호머의 인공위성' 같은 존재가 되고자 합니다.

과학은 어렵기만 한 것이 아닙니다. 우리와 동떨어져 있는 그 무엇도 아닙니다. 과학은 흥미롭고 때론 감동적이기도 하며 누구라도 과학자의 꿈을 꿀 수 있습니다. 그 사실을 보여드리기 위해 이 책을 썼고, 매년 '10월의 하늘'을 열고 있습니다. '10월의 하늘' 강연을 듣고, 또 이 책을 읽고 이 땅의 청소년 중 단 한 명이라도 미래의 과학자가 되겠다는 꿈을 갖게 된다면 그것은 정말 멋진 일일 것입니다!

10월의 하늘 준비모임 대표
정재승

차례

살금살금 다가가 만져보기 : 과학 해부실험실

폴짝폴짝 뛰어오르기 : 과학 야외실습실

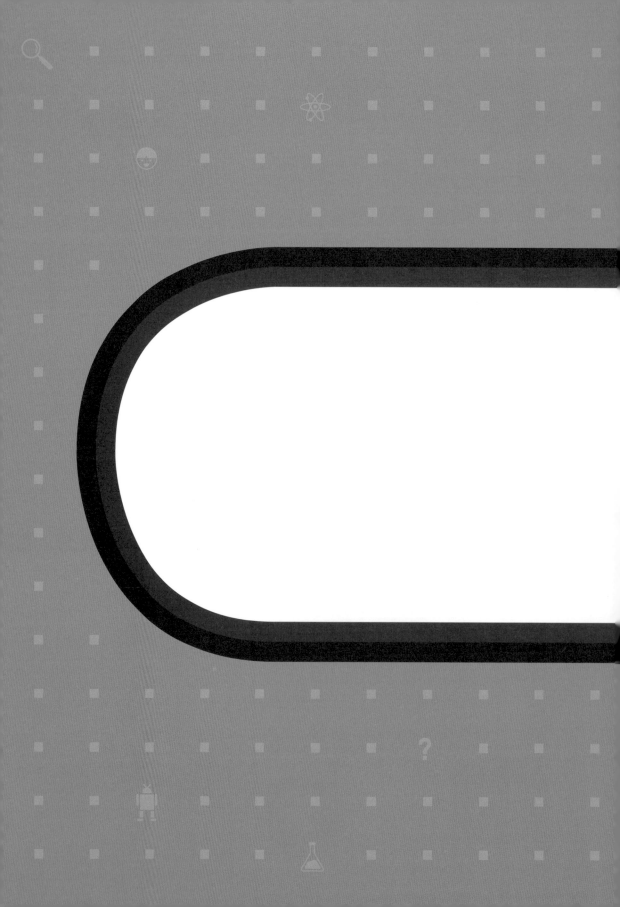

두근두근 상상하기

|과학자들의 상상연구소|

우리나라를 비롯한 많은 선진국에서 뇌의 구조를 밝혀내는 연구를 활발히 진행하고 있습니다. 이런 연구가 진행되면 언젠가 컴퓨터가 스스로 생각하고, 로봇에 인공지능을 주는 일들이 가능할 수도 있을 것입니다. 그러나 지금의 컴퓨터는 인간처럼 의식과 감정을 가지고 생각하는 일을 전혀 할 줄 모릅니다.

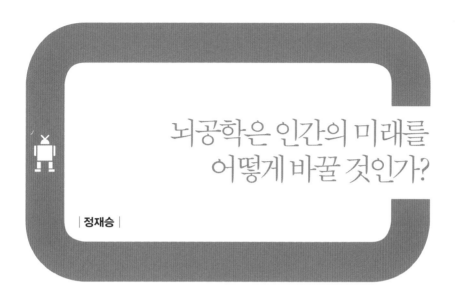

뇌공학은 인간의 미래를
어떻게 바꿀 것인가?

| 정재승 |

■   "안타깝게도, 대한민국은 지난 수십 년 동안 마치 인공지능을 흉내 내라는 듯 사람들을 교육해왔습니다. 모든 사람의 머릿속에 같은 것만 주입하면서, 실수 없이 정답 맞추기만을 강조하고, 숫자와 어학 능력만으로 학습을 평가하고, 정량평가를 통한 한줄 세우기에 급급해왔습니다. 그러나 조만간 이런 낮은 수준의 능력은 인공지능이 우리를 앞지르게 될 겁니다.

따라서 우리는 인공지능이 처리한 숫자와 언어 데이터들 속에서 통찰하고 깊이 추론하는 분석능력, 자신의 생각을 언어와 숫자 외에도 그림·음악·몸짓 등 다양한 방식으로 나타내는 표현능력, 무언가를 실제로 설계하고 만들어보는 공학능력, 타인의 감정에 공감하고 갈등을 조정하면서 협력하는 사회성이 두루 필요합니다. 다시 말해, 우리 뇌의 다양한 영역을 통합적으로 사용하는 전뇌적 사고가 인간 지성의 핵심입니다."

요즘 화제가 되고 있는 인공지능을 주제로 하는 강연에서 종종 하는 말입니다. 도대체 인간의 지성은 컴퓨터와 어떻게 결합할까요? 기계와 뇌의 인터페이스를 연구하는 뇌공학자들은 인간의 미래를 어떻게 바꾸어 놓을까요?

사이보그? 로봇?

뇌공학의 최전선을 이야기하기 위해 먼저 케빈 워릭(Kevin Warwick)이라는 과학자에 대해 얘기해볼게요. 그는 공식적으로 '인류 최초의 사이보그'입니다. 사이보그? 도대체 사이보그가 정확히 뭘까요?

😊 로봇을 인간처럼 만든 거예요.

😊 인간인데 로봇이 된 거예요.

영화 〈로보캅〉과 TV 드라마 〈육백만 불의 사나이〉

로봇인데 인간처럼 만든 것, 로봇 기계장치를 단 인간. 어쩌면 여러분은 이 말이 뜻하는 게 같은 거라고 생각할 수도 있을 거예요. 하지만 정확히 말하면 약간 다릅니다. 기계를 인간처럼 행동할 수 있게 만든 것은 안드로이드라고 해요. 흔히 로봇이라고 통칭하죠. 그리고 인간의 몸에 기계장치를 더한 건 사이보그라고 해요. 예를 들면 영화 〈로보캅〉에 등장하는 로보캅은 인간의 몸에 첨단 기계장치를 더한 거니 로봇이 아니에요. '로보'캅이 아닌 '사이보그'캅이라고 하는 게 맞지요.

1970년대 〈육백만 불의 사나이〉라는 아주 유명한 TV 시리즈가 있었습니다. 주인공은 전직 우주 비행사로, 비행 사고로 양쪽 다리와 한쪽 팔, 한쪽 눈을 잃고 목숨까지 위태로웠지만 최첨단 생체공학으로 다시 살아납니다. 그는 힘센 팔과 빠른 다리, 아주 먼 곳도 볼 수 있는 눈을 가지게 되었죠. 그를 다시 탄생시키는 데 든 비용이 600만 달러였기 때문에 '육백만 불의 사나이'가 되었습니다. 여러분이 알고 있는 영화 〈아이언맨〉의 주인공도 가슴에 부착한 기계를 이용해 생명을 유지하고 로봇 슈트에 에너지를 공급하는 사이보그랍니다.

만약 어떠한 장치를 더한 사람을 사이보그라고 하면 저처럼 안경을 쓰거나 콘택트렌즈를 낀 사람도 사이보그가 되는 거예요. 거기다 치아 임플란트 수술을 받은 사람, 인공관절을 삽입했거나, 심장에 삽입형 제세동기 수술을 받은 사람들도 마찬가지죠.

그런데 이렇게 되면 사이보그가 너무 많아집니다. 그래서 미국의 사이보그협회에서는 혼란을 막기 위해 사이보그의 개념을 정의했어요. '스스로 에너지를 발생하는 배터리가 들어간 장치를 몸에 삽입한 경우에만 사이보그로 인정한다.' 이렇게 바뀐 기준에 따라 앞에서 잠깐 언급했던 '케빈 워릭'이 인류 최초의 사이보그가 되었습니다.

지금은 젊고 건강해서 아무 장치를 하지 않은 사람도 나이가 들고, 예기치 못한 사고를 겪게 되면 어떤 방식으로든 무언가를 몸에 삽입하게 될 확률이 높습니다. 그러니 앞으로 "나는 어떠한 기계장치도 하지 않은 순수한 인간이다"라고 자신 있게 말할 수 있는 사람은 별로 없을 것 같네요.

인류 최초의 사이보그

영국 레딩대학교 교수인 케빈 워릭은 손을 쓰지 못할 수도 있다는 의사의 만류에도 불구하고, 1998년 자신의 왼손에 컴퓨터 칩을 이식하는 수술을 받았습니다. 이 수술로 그는 손동작으로 컴퓨터 칩의 블루투스

왼손에 컴퓨터 칩을 이식한 인류 최초의 사이보그, 케빈 워릭

(bluetooth) 신호를 외부로 보내 기계장치를 제어할 수 있게 되었습니다. 예를 들면 자기 사무실에 가지 않고도 왼손만 움직여서 사무실 불을 켜거나 컴퓨터를 켜고, 라디오 채널도 선택해서 켤 수 있게 된 것이지요.

거기다 2001년에는 미국 컬럼비아대학교에서 왼손의 신호를 인터넷으로 보내 대서양 너머에 있는 영국 레딩대학교의 교수실에 불을 켜고 컴퓨터를 켜기도 했습니다. 몸이 만들어내는 신호로 바다 건너 무언가를 제어한 최초의 인간인 셈이지요. 하지만 그것도 부족했는지 워릭 교수는 아내의 손에도 컴퓨터 칩을 이식했습니다. 그래서 이 둘은 손으로 신호를 주고받을 수 있는 사이보그 부부가 되었습니다. 놀랍지 않나요?

그런데 몸에 이식한 기계는 배터리를 충전할 수가 없어요. 배터리가 다 되면 기계를 몸에서 꺼내 새로 교체해야 하는데, 이런 수술을 받으려는 사람이 얼마나 있을까요? 아마 대부분은 부정적인 반응을 보일 것입니다. 그래서 요즘은 기계를 삽입하지 않고 간단하게 몸에 붙이는 방식을 연구하고 있답니다.

제가 일하고 있는 카이스트(KAIST) 바이오및뇌공학과 신경물리학 연구실에는 머리에 쓰고 두피를 통해 뇌 활동을 측정하는 기계가 있습니다. 우리의 뇌는 무언가를 생각하면 뇌파가 변하는데 바로 이러한 변화를 측정하여 말을 하지 않고도 그 사람의 생각을 읽을 수 있는 기계이지요. 이것으로 무엇을 할 수 있을까요? 우리 연구실에는 이 기계 말고도 키가 1m 정도인 '나오(Nao)'라는 로봇이 있습니다. 나오는 두 발로 걸어 다닐 수 있고, 고개와 몸통을 돌릴 수 있어요. 생각을 읽는 기계로 이 로봇 나

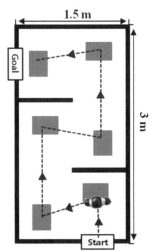

뇌파로 조종하는 로봇, 나오. 다른 장소에서 나오에 장착된 웹캠 화면을 보고 생각만으로 명령한다.

오를 조종하는 것이죠.

우리는 이 기계를 모자처럼 쓰고 나오에게 미션을 전달합니다. "오른쪽으로 3m 이동하고 좌회전하여 미로를 통과해 목적지까지 가라" 하고 말입니다. 나오는 두 발로 걸을 수 있고 몸통과 고개를 돌릴 수 있지만, 어느 방향으로 가야 할지 생각하는 뇌는 없어요. 그 뇌의 역할을 이 기계를 쓴 사람이 하는 것입니다.

더 놀라운 것은 이 기계를 쓰고 있는 사람은 다른 공간에 있다는 거예요. 나오의 머리에는 웹캠(webcam)●이 달려 있어 제어하는 사람은 웹캠으로 실시간 전송된 화면을 보고 직접 앞을 보는 것처럼 나오를 조종합니다. 나오에게 왼쪽으로 갈지, 오른쪽으로 갈지, 혹은 앞으로 갈지, 멈출지 등은 기계를 쓴 사람이 그냥 머릿속으로 생각만 합니다. 이렇게 생각만 하면 그것으로도 뇌파가 바뀌는데 저희가 개발한 프로그램이 뇌파를 분석해 옆방으로 신호를 실시간으로 보냅니다. 그러니까 나오의 동작은 전적으로 기계를 쓰고 있는 사람의 생각대로만 움직이는 것입니다.

이러한 실험은 과연 얼마나 성공할까요? 나오의 경우 이런 미션을 백번 한다면 아흔세 번 정도는 쓰러지거나 벽에 몸을 부딪히지도 않고 목적

●웹캠
웹(web)과 카메라(camera)의 합성어로 인터넷에서 사용할 수 있는 캠코더.

지까지 도착합니다. 굉장히 정확하죠. 이렇게 생각만으로 움직이는 장치들을 조만간 여러분들이 실제로 이용하게 될지도 모르겠습니다.

내 몸에 착 달라붙은 컴퓨터

앞에서 예를 든 기기처럼 몸에 착용할 수 있는 컴퓨터를 '웨어러블 컴퓨터(wearable computer)'라고 합니다. 요즘 다양한 웨어러블 기기가 나오고 있죠. 대부분 핸드폰이나 손목시계 타입으로, 아직은 여러분이 얼마나 많이 운동하고 걸었는지를 확인하는 디지털 만보기 수준입니다. 사실 손목에 차는 웨어러블 기기는 건강관리 이상의 기능을 하기 어렵습니다. 복잡한 정보를 처리하기 위해서는 손목이 아니라 뇌와 눈, 귀나 입과 더 가까운 곳에 있어야 합니다. 지금은 판매가 중단되었지만 '구글 글래스(Google Glass)' 같은 안경 형태의 웨어러블 기기도 있습니다. '구글 글래스'에 어떤 기능이 있는지 한번 알아보겠습니다.

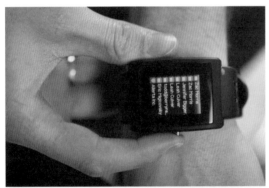
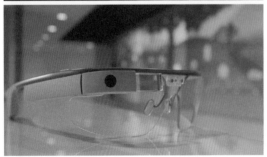
손목시계 타입의 웨어러블 기기(위)와 구글 글래스(아래)

사용자가 구글 글래스를 착용하고 하늘을 올려다보면 날씨가 나옵니다. 친구가 문자를 보내면 눈앞에 메시지가 뜨고, 답장을 보낼 때도 말로 하면 문자 메시지로 변환되어 바로 전송되지요. 길을 가면 목적지까지 가는 방향이 표시되기도 합니다. 포스터를 보면서 공연을 예약할 수도 있고, 책 표지를 보면 책 내용을 살펴볼 수 있고 구매까지 가능합니다. 궁금한 게 있을 때 혼자 중얼거리며 질문을 하면 구글 글래스가 답을 해주기도 하고요. "사진 촬영" 하고 말하면 사진도 찍을 수 있고 내가 연주하는 장면을 녹화하여 친구에게 보낼 수도 있습니다. 대단한 기능이지요? 앞으로 구글 글래스가 더 발전하면 공연을 보더라도 다양한 각도에서 공연을 볼 수 있고, 등산할 때 등산로가 표시되어 길을 잃지 않을 수도 있는 등 여러 가지 일을 하게 될 것입니다. 물론 해결해야 할 문제도 많습니다. 착용하기 편하도록 안경의 무게를 줄이기 위해 작은 배터리를 사용합니다. 그러다 보니 배터리가 너무 빨리 닳는다는 문제가 있지요. 또 누군가가 몰래 나를 카메라로 찍고 있다면 어떨까요? 언제 어디서든 촬영되고 있다는 느낌을 받는다면 매우 불편할 것입니다. 이런 많은 문제점을 해결해 나가면서 기술이 더 발전하고 보편화되면 뇌파를 측정할 수 있는 웨어러블 기기도 개발되겠죠. 간단한 캠으로 나의 뇌파를 찍고 그 정보를 스마트폰이 분석하는 것이죠.

물론 지금도 뇌파를 이용하는 기계가 있습니다. 몇 가지 소개할게요. 매년 열리는 세계 최대의 가전제품 쇼 CES에서 선보인 중국의 하이얼 TV입니다. 이 TV가 보통의 것과 다른 점은 생각만으로 볼륨을 조절하거나 채널을 바꿀 수 있다는 것입니다. 앞에서 말한 '나오' 로봇처럼 사용자의 뇌파로 조작하는 방식이지요.

그런데 이렇게 생각으로 볼륨을 조절하거나 채널을 바꿀 수 있는 TV는 사용하기 편리할까요? 아니면 그 반대일까요? 자, 다른 채널로 바꾸고 싶을 때 순간 집중해서 다른 채널을 선택합니다. 볼륨이 너무 클 때도 순간 집중하여 볼륨을 낮춥니다. 과연 이렇게 집중하는 것이 쉬운 일일까요? 이런 가전제품은 상품화되기 매우 어렵습니다. 왜냐하면 아주

뇌파로 조작할 수 있는 TV를 선보인 하이얼

뇌파로 공을 떠오르게 하는 장난감 (출처: https://youtu.be/lHA4j66MCa0)

간단하고 편리하면서도 정확한 '리모콘'이 이미 있기 때문입니다. IT 기술은 매우 간단하고 편리합니다. 반면에 브레인 테크놀로지는 장치를 제어하는 데 인간의 두뇌 에너지가 많이 필요해요. 그런 면에서 보면 리모콘이 훨씬 편하답니다.

영화 〈스타워즈〉의 초능력을 흉내 낸 장난감도 마찬가지입니다. 이 장난감은 헤드셋을 통해 뇌파를 측정하고, 그 신호를 받은 기계가 팬을 돌려 공을 떠오르게 하는 원리예요. 집중을 하면 영화의 초능력과 비슷한 장면을 연출할 수 있답니다. 이런 장난감이 있다면 한번 해보고 싶겠죠? 하지만 오래 사용하기는 힘들 거예요. 왜냐하면 앞서 말했듯이 두뇌를 쓰는 일에는 대단히 많은 에너지가 소모되기 때문입니다. 사람들은 뇌파를 사용하는 것보다 스마트폰 게임처럼 손가락만 움직이는 게임을 훨씬 편하고 쉽게 느낄 것입니다.

개의 생각을 읽을 수 있을까?

앞으로 어떤 신기술로 무장한 제품이 더 나올 수 있을까요? 예를 들어 개의 뇌파를 측정해서 개의 생각을 인간에게 알려주는 기계가 있다고 생각해봅시다. 그런 기계가 있다면 개와 소통하기가 훨씬 쉽겠죠. 그런데 문제가 있습니다. 이 기계가 알려주는 개의 생각이라는 것이 맞는지 틀렸는지를 확인할 수가 없다는 것입니다. 개는 사실 '배고파요'라고 생각하고 있는데 기계가 뇌파를 잘못 읽어 '산책하고 싶어요'라고 표시하면 개는 배가 고플 때마다 사료를 먹는 대신 산책을 하게 될 거예요. 그런데 동시에 이것이 장점이 될 수도 있습니다. 개가 배가 고프다고 생각할 때마다 주인이 산책을 시키니 나중에는 산책하러 가고 싶을 때 배가 고프다는 생각을 하는 거예요. 그래서 시간이 지나고 나면 개가 이 기계장치에 적응해 산책하러 나가고 싶으면 배가 고프다고 생각하고, 반대로 배가 고플 때 산책하고 싶다고 생각해서 시간이 지나면 서로가 만족하는 장치가 될 수 있습니다.

생체를 이용한 기계들은 대부분 이러한 특징들을 지니고 있습니다. 다시 말해, 뇌공학의 제품은 사용자들이 서로 적응해야 한다는 특징을 갖고 있는 것이죠. 적응이 되고 나면 서로 사용 만족도가 높아집니다.

IBM의 왓슨과 인공지능의 도전

미국의 오바마 대통령은 2013년 '브레인 이니셔티브(BRAIN Initiative)'라는 뇌 연구 프로젝트에 10년간 3조 5,000억 원을 투자하기로 했습니다. 우리나라를 비롯한 많은 선진국에서 뇌의 구조를 밝혀내는 연구를 활발히 진행하고 있습니다. 이런 연구가 진행되면 언젠가 컴퓨터가 스스로 생각하고, 로봇에 인공지능(artificial intelligence)●을 주는 일들이 가능할 수도 있을 것입니다. 그러나 지금의 컴퓨터는 인간처럼 의식과 감정을 가지고 생각하는 일을 전혀 할 줄 모릅니다. 인공지능의 발달은 인간의 뇌가 시행착오를 통해 진화해온 과정을 밟지 않았고, 뇌하고는 전혀 상관없는 알고리즘으로 발달했기 때문에 인간처럼 사회성을 획득하지 못하고 있지요.

로봇은 공장 일처럼 정해진 작업만 처리하는 일은 지금도 잘합니다. 하지만 그것만 가지고 사회에 나와서 인간과 교류할 수는 없겠죠. 인간의 얼굴을 보고, 마음을 읽고, 거기에 맞춰서 대응하는 고차원적인 일을 처리해야 하는데 아직은 그런 수준까지는 아닙니다. 그래서 제 개인적인 생각으로는 인공지능이 우리와 일자리를 놓고 경쟁한다거나 로봇이 인간을 지배하는 세상이 오는 등의 문제들은 가까운 미래에 현실화되지 않을 거라고 봅니다.

●인공지능
인간의 학습능력과 추론능력, 지각능력, 자연언어의 이해능력 등을 컴퓨터 프로그램으로 실현한 기술.

그런데 최근에 놀라운 일들이 조금씩 벌어지기 시작했어요. 크게 두 가지가 있는데 먼저 IBM이라는 컴퓨터 메인프레임(IBM mainframe)을 만드는 회사가 내놓은 '왓슨(Watson)'*이라는 시스템입니다. 왓슨은 질문을 하면 답을 하는 시스템이에요. 아이폰의 '시리(Siri, Speech Interpretation and Recognition Interface)'도 질문하면 대답을 하지만 왓슨은 이것과는 전혀 다릅니다. 아이폰의 시리는 A라는 질문이 입력되면 B라는 답을 하라는 식으로 이미 입력된 답을 하거나 인터넷 검색 결과를 보여주는 데 그치지만, IBM의 왓슨은 정말로 질문에 맞는 답을 찾아 말합니다.

여러분에게 질문을 하나 해볼게요. "허먼 멜빌의 『백경』*이라는 고전소설에 등장인물은 모두 몇 명일까요?" 이런 질문을 받으면 여러분은 책을 읽으면서 사람이 나올 때마다 숫자를 세어 "등장인물이 모두 ○○명"이라고 대답할 수 있어요. 컴퓨터에 똑같이 질문하면 답할 수 있을까요?

네, 컴퓨터도 가능합니다. 대신 책의 글자를 전부 스캐닝해서 읽고 고유명사를 찾아내 인칭대명사인지 확인하고, 동물인지 아닌지 판단해서 등장인물을 추려야 합니다. 컴퓨터가 이런 내용을 이해한다면 대답할 수 있겠죠. IBM의 왓슨은 내용을 이해하지는 못해도 굉장히 정교한 알고리즘으로 그 내용을 이해한 것과 같은 행동을 합니다.

미국의 TV 퀴즈쇼에 등장해 화제가 된 '왓슨'

얼마나 질문에 답을 잘하는지 사람들에게 보여주기 위해서 왓슨은 2011년 〈제퍼디!〉*라는 미국의 TV 퀴즈쇼에 나갔습니다. 컴퓨터와 인간이 치르는 첫 퀴즈 대결이었죠. 결과는 어땠을까요? 이 퀴즈쇼에서 상금을 가장 많이 받은 두 명과 대결을 펼친 결과, 놀랍게도 왓슨이 두 배 이상의 점수로 이겼습니다. 대단하죠!

왓슨의 승리가 어느 정도의 수준인지 잘 이해할 수 있도록 설명해드릴게요. 퀴즈쇼의 규칙은 굉장히 간단합니다. 상금이 걸려 있는 문제를 맞히면 상금이 나옵니다. 당연히 어려운 문제일수록 큰 상금이 걸려 있지요. 그리고 문제를 읽는 동안에는 정답을 알아도 버튼을 누르면 안 돼요. 문제를 다 읽고 난 후에 버튼을 눌러야 합니다. 답이 틀리면 돈을 잃습니다. 이런 상황에서 왓슨은 어떻게 움직일까요? 사회자가 문제를 읽는 동안 데이터베이스에 접속해서 그 내용과 관련된 빅데이터를 분석해요. 인터넷이나 다른 외부지원 없이 시스템상의 알고리즘을 거쳐서 답을 찾은 다음 사회자가 문제를 다 읽고 나면 버튼을 누르고 찾아낸 그 답을 말합니다. 컴퓨터가 실행하기에는 어려운 과정인데도 불구하고 그걸 왓슨이 해낸 거예요.

생방송으로 진행된 퀴즈쇼를 본 미국의 시청자들은 큰 충격을 받았답니다. 왓슨이 질문에 답을 잘한 것도 놀랍지만, 너무나 사람처럼 행동해서 더 충격적이었던 거죠. 상당히 정확한 발음으로 대답하고 심지어 다음 문제의 키워드를 선택하는 모습도 보였거든요. 이런 걸 보면 컴퓨터가 꼭 인간처럼, 인간의 뇌와 유사한 방식으로 작동하지 않더라도 우리와 그럴듯하게 커뮤니케이션이 가능할 수도 있겠다는 생각이 듭니다.

인간과 로봇의 관계 맺기 – 로봇 개 스팟 이야기

다음은 보스턴 다이나믹스라는 기업에서 만든 '스팟'이라는 네 발 달린 로봇 개입니다. 스팟은 어떠한 지형에서도 자유롭게 돌아다닐 수 있습니다. 또 동물처럼 자연스럽게 움직이기 때문에 진짜 개처럼 보이기도 합니다. 하지만 살아 있는 개와는 달리 스팟은 총만 장착하면 전쟁터에 내보낼 수 있는 군사용 로봇이 될 수 있습니다. 민간인은 쏘지 말고 적군만

어떤 지형에서도 자유롭게 다니는 로봇 개 스팟

쏘도록 프로그래밍해 전쟁터로 보내면 무시무시한 전쟁 무기로 사용될 수도 있지요.

실제로 스팟을 만든 보스턴 다이나믹스라는 기업은 미국 국방성의 지원을 받아 군대에서 사용할 목적의 로봇을 개발하고 있습니다. 보스턴 다이나믹스는 이 로봇이 얼마나 잘 작동하는지 보여주기 위해 아무리 발로 차도 넘어지지 않는 모습을 담은 동영상을 제작해 전 세계에 홍보했습니다. 그런데 여기에 수많은 악플이 달렸답니다. 왜냐하면 사람들이 동영상 속 로봇을 보며 진짜 개를 떠올렸던 거예요. 사람들은 로봇 개를 무자비하게 발로 차거나 미는 모습을 보며 "로봇이 불쌍하다", "아무리 로봇이라도 학대하지 말라"고 말했지요. 이렇게 논란이 일자 로봇의 윤리에 관한 논쟁으로 이어졌고, 미국 의회에 로봇학대금지 법안까지 제출되었습니다.

단순한 기계가 아니라 우리의 마음을 움직일 수도 있는 로봇. 이 일로 사람과 로봇은 첫 관계 맺기를 시작한 것이라고 볼 수 있습니다. 로봇의 행동이 정교해지고 우리에게 친숙한 모습을 갖추게 될수록, 사람들이 로봇도 생명이 있는 것처럼 느낀다는 사실을 알게 해준 일이었습니다.

이제 뇌공학 기술의 발달로 우리는 사람들이 무엇을 보고 무슨 생각을 하는지 어렴풋이 짐작하는 것이 가능해졌습니다. 이러한 기술을 공학자들은 '뇌정보 해독(brain decoding)' 또는 마음을 읽는 기술 (mind-reading technology)이라 부릅니다. 그 결과물이 아직은 걸음마 수준이지만, 뇌활동만으로도 마음을 읽을 수 있다는 가능성을 다양하게 증명했다는 것만으로도 각별한 의미가 있습니다. 아마도 20~30년 후에는 더 놀라운 수준까지 올라갈 것으로 기대됩니다. 결국 시간은 과학자들의 편이니까요.

이런 기술이 제일 먼저 활용될 분야는 임상의학 쪽입니다. 뇌졸중 환자나 혼수상태에 빠져 있는 환자, 손가락 하나 까딱할 수 없는 전신마비 환자나 루게릭 등 신경퇴행증에 걸린 사람들이 말로 자신의 의사를 표현할수 없을 때 이 기술은 유용할 것입니다. 이 기술은 뇌 영상장치로 뇌활동을 측정해 그들의 마음을 읽고 다른 사람이 그들을 좀 더 잘 이해하도록하는 데 제일 먼저 사용될 것입니다.

뇌는 살아 있으나 몸은 굳어버린, 그래서 표현을 잃어버린 환자들은 마음을 읽는 기술이 더없이 반가울 것입니다. 하지만 남들이 내 생각을 훔쳐볼까봐 노심초사하는 이들에게는 이 기술이 무시무시한 공포로 다가올 것입니다. 마음을 읽는 기술을 통해 남들의 마음을 훔쳐 읽고 그들의의사결정을 조작할 수 있는 미래 사회에는 '대뇌 프라이버시'가 중요한 사회적 이슈로 떠오르게 될 것입니다. 앞으로 자신의 뇌 속 정보를 잘 간수해야 하는 살벌한 시대가 올지도 모르지요. 저는 이런 다양하고 흥미로운 상상을 즐기는 것, 그것이 과학자가 되는 첫걸음이라고 생각합니다.

정재승 | KAIST 바이오및뇌공학과 교수. KAIST 물리학과에서 학부부터 박사학위를 받을 때까지 공부했다. 예일대 의대 정신과 연구원, 컬럼비아 의대 정신과 조교수로 치매와 투렛증후군을 연구했으며 현재는 선택의 순간 뇌에서 무슨 일이 벌어지는지 연구하고 있다. 복잡한 사회현상의 뒷면에 감춰진 흥미로운 과학 이야기를 담은 『과학 콘서트』를 시작으로 『정재승+진중권 크로스』 등의 베스트셀러를 썼다. '10월의 하늘'을 통해 더 많은 청소년이 과학에 관심을 갖고 과학자의 길을 걷기를 바란다.

우리 선조들은 게임을 교육 도구로 활용했습니다. 하지만 최근 우리나라에서는 게임을 전쟁광이나 중독증과 연결해 위험성만을 강조합니다. 심지어 우리 사회에 없어져야 할 마약이나 전염병과 같은 질병과 동급으로 취급하며 내몰고 있지요. 하지만 이는 게임의 원래 목적과 역사를 잘 모르기 때문입니다. 여러분의 생각은 어떤가요?

게임이 우리에게 주는 혜택

|윤형섭|

■　　저는 게임을 학문으로 공부하는 게임학자입니다. "게임학이라는 것도 있어?" 하고 놀라는 분들이 더 많을 텐데요. 게임학은 게임 산업이 발전하면서 지식의 체계화를 위해 새롭게 등장한 학문으로, 이제 갓 태어난 신생 학문입니다. 하지만 미국에는 게임학과가 있는 4년제 대학이 300여 개나 있을 정도로 많이 발전한 학문이기도 합니다.

게임학은 주로 컴퓨터과학, 공학 등 프로그램 분야에서 게임 개발에 도움을 주는 것으로 시작했습니다. 그러나 이제 게임학의 정의는 더욱 확장되어 '인문학이나 사회과학적 관점에서 게임을 대상으로 분석하는 학문'('위키피디아' 발췌)이 되었습니다. 제 생각으로는 이러한 정의를 포함하여 인지과학, 심리학, 인류학, 디자인, 정보통신 기술 등 게임을 둘러싼 모든 학문, 그리고 또 학제간 연구가 모두 포함돼야 할 것입니다. 그리고 앞으로 세계의 다양한 연구자들에 의해 게임학의 정의는 계속 진화할 것입니다.

게임은 원래 교육 도구?

'게임' 하면 무엇이 떠오르나요? 재미, 시간 때우기, 심심풀이용 가벼운 놀이, 판타지, 중독, 엄마와의 말다툼, 친구들과 PC방 가기 등이 떠오르지요? 이렇듯 게임은 가벼운 오락거리로만 여겨집니다. 하지만 게임은 우리에게 유용한 점이 많습니다.

최초의 게임으로 알려진 바둑은 정확한 기원은 알려지지 않지만, 설화에 의하면 고대 중국의 요(堯)·순(舜) 임금이 어리석은 아들 단주와 상균을 깨우치기 위해 만들었다고 전해집니다. 바둑이라는 놀이(게임)는 어렵고 지루한 학습을 재미있게 할 수 있도록 설계된 고도의 에듀테인먼트(edutainment. 교육용 게임)●입니다. 이후 인도 지역에서 차타룽가(Chatalunga, 현재의 체스와 유사한 게임)가 발명되었고, 여러분이 잘 알고 있는 체스(chess)와 장기로 진화했습니다. 이런 게임들도 마찬가지로 장교들에게 군사 전략과 전술을 효율적으로 가르치기 위해 만들어졌습니다. 즉, 게임의 원래 목적은 교육입니다.

우리 선조들은 게임을 교육 도구로 활용했습니다. 하지만 최근 우리나라에서는 게임을 전쟁광이나 중독증과 연결해 위험성만을 강조하지요. 심지어 우리 사회에 없어져야 할 마약이나 전염병 같은 질병과 동급으로 취급하며 내몰고 있습니다. 하지만 이는 게임의 원래 목적과 역사를 잘 모르기 때문입니다. 여러분의 생각은 어떤가요?

어려운 문제를 쉽게 술술

게임을 통해 어려운 문제를 쉽게 푼 대표적인 예로 '폴드잇(Fold It)' 게임이 있습니다. 이 게임은 미국 워싱턴대학교에서 단백질 접힘 과정이 3차원 퍼즐 게임과 유사하다는 데서 착안했습니다. 3차원 게임을 즐기는 게이머들에게 공개해 집단지성(Collective Intelligence)●을 이용해 의학계의 미

●에듀테인먼트
교육(education)과 오락(entertainment)의 합성어로, 교육용 소프트웨어에 오락성을 가미하여 게임하듯 즐기면서 학습하는 방법이나 프로그램을 말한다.

●집단지성
다수의 개체들이 서로 협력하거나 경쟁하여 얻게 된 지적능력으로 생긴 집단적 능력.

스터리를 푸는 데 도움을 받기 위해서였
지요. 게이머들은 공간 추론능력과 상
상력을 동원하여 10년 동안 풀지 못했던
의학계의 미스터리를 단 3주 만에 밝혀
냈습니다. 이로써 에이즈와 암 등에 관
여하는 단백질 구조의 비밀이 풀리게 된
것이죠. 결과적으로 게임이 생명과학의
발전에 큰 공헌을 한 겁니다.

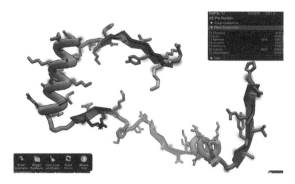

의학계의 미스터리를 푼 폴드잇 게임의 한 장면
(참고: https://www.youtube.com/watch?v=bo99JjnfdA8)

　게임은 아니지만, 우리 주변에서 이와 유사한 사례를 찾아보기 어렵지
않습니다. 대표적인 것이 '위키피디아'와 '네이버 지식인'이지요. 전문가가
아닌 대중의 집단지성을 모아 살아 있는 백과사전을 만들고 있습니다. 인
터넷이 없던 과거에는 상상도 못 할 일이 벌어지고 있는 것이지요. '폴드
잇' 게임은 게이머들이 느끼는 '경쟁'과 '재미'를 이용하여 집단지성을 끌
어냈고, 골방에 틀어박혀 게임만 하는 청소년으로 상징되던 게이머들에
게 과학자와 같은 직관과 능력이 있음을 일깨워준 좋은 사례입니다.

귀찮은 일도 재미있게 뚝딱뚝딱

집안일은 꼭 해야 하지만 실제로 하려고 들면 여간 귀찮은 일이 아닙니
다. 빨래, 청소, 설거지, 음식물 분리수거 등은 꼭 해야 하지만 하기 싫어
미루게 되고 꾀가 나는 일이지요. '귀찮은 집안일, 재미있고 의미 있게 할
수는 없을까?' 하고 고민하다 미국의 한 게이머는 '초어워(Chore Wars)'라
는 게임을 만들어냅니다.

　이 게임은 워크래프트(Warcraft) 게임을 패러디한 어드벤처 게임입니다.
집안일을 항목별로 점수화해 경쟁하는 온라인게임인데요. 다시 말해 현
실 세계에서 한 허드렛일을 사이버 세계의 게임에서 레벨을 올리고 캐릭

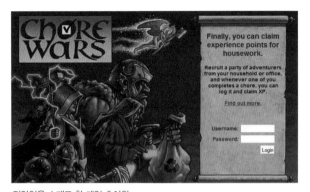

집안일을 소재로 한 게임 초어워
(참고: https://www.youtube.com/watch?v=4kczm-iJsGo)

터를 성장시키는 것에 접목한 겁니다. 아이템을 획득해 아바타를 키워가는 것이지요. 그러자 게이머들은 귀찮은 집안일을 하나의 도전과제로 여기고 마치 게임을 하듯 해나가게 되었습니다. 허드렛일이 의미 있는 일이 되고 재미있는 도전이 된 겁니다. 사소하거나 지루한 일을 게임이 가진 성격을 활용해 재미있게 느끼게 하여 행동 변화를 이끌어낸 좋은 사례입니다.

왜 그동안 재미없던 허드렛일이 즐거운 일이 된 걸까요?『톰 소여의 모험』에 톰 소여가 아버지에게 집 울타리에 페인트를 칠하라는 벌을 받는 장면이 나옵니다. 꾀가 많은 톰 소여는 친구들에게 울타리에 페인트를 칠하는 것이 얼마나 재미있는지 보여주죠. 아주 신이 난다는 듯 콧노래를 부르며 친구들 앞에서 칠을 하는 거예요. 이를 본 동네 친구들은 서로 해보고 싶다고 나섭니다. 그럼 영리한 톰 소여는 돈을 내면 칠할 수 있게 해주겠다 하고요. 마침내 톰 소여는 돈도 받고 아버지가 시킨 벌칙도 손쉽게 해냅니다. 이 이야기처럼 '초어워' 게임은 우리가 귀찮아하는 일을 생각하기에 따라서는 재미있는 방향으로 바꿀 수도 있다는 걸 잘 보여줍니다. 게임 방식을 통해 얼마든지 재미있고 의미 있게 바꿀 수 있다는 것을 보여준 것이죠. 이 게임 홈페이지에는 "이 게임을 하고 나서 우리 남편이 달라졌어요"라는 댓글이 많이 달려 있습니다. 이것만 보아도 게임이 확실히 많은 이에게 효과가 있었다는 것을 알 수 있죠.

어렵고 지루한 학습도 신나게
학습(學習)이라는 단어에는 두 가지 뜻이 있습니다. 모르는 것을 배운다(學)

는 뜻과 배운 것을 여러 번 반복하여 익힌다(習)는 뜻입니다. 또한 습(習)이라는 글자에는 새들이 날기 위해 날갯짓(羽)을 100번 이상(百) 연습해야 한다는 의미가 있습니다. 배우는 것에는 한 번의 교육으로 깨닫게 되는 것도 있고, 수많은 연습을 통해서만 익힐 수 있는 것도 있습니다. 쉬운 예로 구구단 같은 건 몇 번이고 반복해야 외워지지요. 한 번만 보고도 구구단을 외울 수 있다면 좋겠지만 말입니다.

배우고 익히기는 쉽지 않습니다. 많은 시행착오와 꾸준한 연습이 필요합니다. 스포츠 선수들은 한 번의 경기를 위해 무수히 많은 연습을 합니다. 예술가들은 또 어떻고요. 연습은 반복이기 때문에 우리를 지치게 합니다. 그럴 때 그 과정을 재미있게 만들어 지루하지 않게 하면 좋겠지요. 게임 방식을 도입하면 가능합니다.

대표적인 사례가 바로 나사(NASA, 미국항공우주국)에서 개발한 달 탐험 훈련 게임 '문베이스 알파(Moonbase Alpha)'입니다. 지구에서 우주인들에게 우주 훈련을 시키는 일은 매우 어렵습니다. 우주인들은 실제 우주와 같은 환경에서 훈련을 해야 하는데 그러자면 엄청난 비용이 듭니다. 그래서 실제가 아닌 가상환경을 만들어 훈련을 하죠. 이때 쓰이는 기술이 바로 게임 기술입니다. 가상으로 만들어진 달 환경에서 많이 연습하면 할수록

실제 우주와 같은 환경을 가상으로 만들어 훈련하는 게임, 문베이스 알파 (참고: https://www.youtube.com/watch?v=ycn7S30UoMg)

기타를 게임기에 연결해 배울 수 있도록 한 록스미스
(참고: https://www.youtube.com/watch?v=8yXNPLlxagc)

실제 달에 착륙하여 수행할 임무를 이해하는 데 도움이 될 뿐 아니라 빠르게 그 환경에 적응할 수 있습니다. 이처럼 배우고 익히기 어려운 것을 게임 방식을 이용하면 효과적으로 배울 수 있습니다.

또 다른 사례로는 '록스미스(Rock Smith)'라는 게임이 있습니다. 이 게임은 플레이스테이션 플랫폼으로 개발되었는데, 실제 기타를 게임기에 연결하여 게임을 하는 것처럼 연습할 수 있도록 구성되어 있습니다. 음정을 조율하는 기초부터 시작해 간단한 코드 잡기, 복잡한 연주까지 모두 게임 방식으로 배우는 거죠. 최근 유튜브에 전문가들도 연주하기 굉장히 어렵다는 〈카우보이 프롬 헬〉이라는 곡을 열 살 소녀가 '록스미스' 게임만을 이용하여 연습한 대로 연주하는 영상이 올라와 화제가 된 적이 있습니다. 게임은 이처럼 어려운 것을 어렵지 않게 만들고, 도전하기 어려운 과제를 좌절하지 않고 계속 재도전하여 성취하게 만드는 힘이 있습니다.

게임으로 제품 광고, 홍보 효과가 쑥쑥

전 세계에 걸쳐 매장이 3만 5,000개 이상인 맥도날드와 세계적으로 가장 많이 팔리는 탄산음료 제조회사인 코카콜라라는 브랜드 가치가 매우 높습니다. 그들은 이미 포화상태인 광고시장에서 자사 브랜드를 차별화하기 위해 매우 기발한 방식을 채택합니다. 그중 증강현실(AR, Augumented Reality)●기법을 이용한 광고가 있습니다.

스웨덴의 한 맥도날드 매장 앞. 전광판에 뜬 광고가 지나가던 사람들의 발길을 붙잡습니다. '퐁(Pong)'이라는 게임을 이용한 광고인데요, 이 게임

●증강현실
현실세계에 실시간으로 부가정보를 갖는 가상세계를 합쳐 하나의 영상으로 보여주는 기술.

은 세계 최초의 비디오 게임으로 매우 단순한 고전 게임입니다. 사람들은 어렸을 때 즐기던 게임이 전광판에 나타나자 무척 신기해했지요. 게다가 스마트폰으로 전광판에 적혀 있는 웹사이트에 접속하면 그 자리에서 곧바로 게임도 할 수 있었습니다. 게임은 30초 동안 진행되는데 이 게임

효과적인 홍보를 위해 게임을 이용한 광고
(참고: https://www.youtube.com/watch?v=7u0ij9D5S4Y)

에 참여한 사람은 물론이고 구경하는 사람들마저 흠뻑 빠져들었습니다. 게임에서 이기면 작은 상품 아이템을 받기도 하고, 가까운 매장에서 실제 음식과 바꿀 수 있는 디지털 쿠폰을 받기도 했습니다. 사람들은 전광판 앞에서 함께 게임에 참여하는 동안 즐거운 경험을 하게 됩니다.

증강현실 기법을 이용한 이 광고는 사람들에게 즐거운 경험을 제공했죠. 구경하는 사람들도 그 광경이 신기해 사진을 찍어 자신의 소셜 미디어에 올렸습니다. 체험경제(experience economy)● 시대에 상호작용적인 게임을 이용한 이 광고는 소비자들에게 신선한 경험을 제공하여 기업에 대한 좋은 이미지를 남겼습니다. 또한 새로운 체험과 재미있는 구경은 소셜 미디어에 노출되어 더 광범위한 광고효과를 냈지요. 광고 마케팅 분야에도 이제 게임을 이용하는 것이 일반화되어 가고 있습니다.

한편 코카콜라는 참여자의 행동을 유발하는 이벤트를 벌였습니다. '코크 댄스 자판기'를 사람들이 많이 모이는 곳에 설치한 것입니다. 이 자판기에는 커다란 모니터가 달려 있습니다. 모니터에 나오는 인기 아이돌 가수의 춤 동작을 똑같이 따라 하면 무료로 음료를 줍니다. 처음에는 어리둥절해하던 사람들도 하나둘씩 자판기 앞으로 모여들어 재미있는 춤 동작을 따라 합니다. 구경하는 사람들은 그 퍼포먼스에 박수를 치고 환호

●체험경제
소비자가 단순히 상품이나 서비스를 제공받는 것이 아닌 상품의 고유한 특성에서 가치 있는 체험을 얻는 것을 뜻한다.

하고요. 사람들은 공짜 콜라 한 병을 위해 춤을 따라 하는 것이 아니라 그 분위기를 즐기는 마음으로 참여하는 겁니다. 물론 옆에서 구경하는 사람들에게도 볼거리를 주고요. 이런 즐거운 경험은 코카콜라 제품에도 긍정적인 감정을 갖게 합니다. 맥도날드 광고와 마찬가지로 많은 사람이 이런 광경을 사진에 담아 자발적으로 소셜 미디어에 올리면서 자연스럽게 광고 효과도 생깁니다. 이처럼 전 세계 글로벌 기업에서 광고에 적극적으로 게임을 이용하는 경향이 높아지고 있습니다. 광고 효과가 크기 때문이지요.

'코크 댄스 자판기' 마케팅에 참여하는 고객
(참고: https://www.youtube.com/watch?v=DgtijpUNKGo)

고령자의 다리 재활훈련에 도움이 되는 게임기
(참고: https://www.youtube.com/watch?v=5aYbzu6RhNE)

게임으로 편하게 건강관리

일본 한 게임 소프트웨어 기업에서 개발한 '두근두근 뱀퇴치 RT' 게임은 고령자의 다리 재활훈련에 도움을 주는 기능성 게임입니다. 구멍에서 나오는 뱀을 발로 밟으면 점수를 얻게 되는 게임으로, 노인들의 다리 근력 운동에 도움을 준다는 것이 과학적으로 증명되었습니다. 이 게임기는 일본의 양로원과 복지시설 20여 곳에 설치되었다고 합니다.

게임을 이용해 건강관리를 할 수 있는 또 다른 사례로 닌텐도(Nintendo)의 위핏(Wii Fit)을 들 수 있습니다. 일반인들에게는 단지 재미있는 게임기일 뿐이지만, 미국 샌프란시스코에 있는 세인트메리 메디컬센터의 한 의사는 위(Wii)를 환자 재활치료에 활용해 높은 치료 효과를 냈습니다. 재활치료는 특히 환자의 재활 의지가 매우 중요한데, 이 게임을 통해 재활

치료를 한 환자들은 "치료하는 생각이 들지 않아서 더 재미있는 것 같다"며 치료에 큰 도움이 되었다고 말합니다. 이 병원은 아예 위를 이용한 재활센터 '위해브(Wii HAB)'를 설치하고 게임을 이용한 재활훈련을 하여 수백 명의 환자를 치료했다고 합니다.

재활치료에도 사용되는 위핏
(참고: https://www.youtube.com/watch?v=EkN-TpdOhbc)

병을 치료하고 치유하는 데도 척척

게임은 환자들의 병을 치료하거나 치유하는 데도 이용됩니다. 어린이 백혈병(소아혈액암)은 미국의 경우 의학의 발전으로 완치율이 90%에 이릅니다. 그러나 다른 많은 나라에서는 백혈병이 불치병이라는 잘못된 정보로 생존율이 50% 이하라고 합니다. 이런 상황을 안타깝게 생각한 비영리재단 연구소 호프랩(Hope Lab)은 게임으로 어린이 백혈병을 치유할 수 있는 아이디어를 구체화하기 시작했고, 결국 리미션(Re-Mission)이라는 게임을 만들었습니다.

이 게임을 해본 어린이 백혈병 환자들은 게임하는 동안 통증이 완화되고 약을 먹는 부담감이 줄어들었다고 합니다. 플레이어는 아주 작은 크기의 나노 로봇이 되어 자신의 몸에 들어가서 몸속에 있는 암세포를 파괴하는 미션을 수행합니다. 환자가 직접 자신의 암세포를 죽이는 게임 과정을 통해 암이 낫고 있다는 심리적 치유 효과를 줄 뿐 아니라 확실히 나을 수 있다는 확신을 갖게 됩니다. 2006년 처음 개발된 이 게임은 2012년까지 81개 국가에 20만 개 이상이 보급되었으며, 현재는 누구나 온라인에서 무료로 내려받아 이용할 수 있습니다. 도움

백혈병 환자들의 치료를 돕는 게임 리미션
(참고: https://www.youtube.com/watch?v=kjLdu7SEMNs)

을 받았다고 생각한다면 개인적으로 원하는 만큼 기부를 하기도 합니다. 물론, 기부하지 않아도 게임을 플레이해볼 수 있어요.

재미가 행동을 변화시켜요!

남자용 화장실에 가보면 "한 발만 더 가까이", "남자가 흘리지 말아야 할 것은 눈물만이 아닙니다"라는 문구를 흔히 볼 수 있습니다. 이것은 남자들이 소변을 볼 때 변기 밖으로 흘리지 말라는 설득의 메시지입니다. 그런데 최근 강제나 권유 없이도 본능을 이용하여 행동을 변화시키는 방식을 화장실에 도입했다고 합니다. 바로 소변기에 파리 그림을 그려 넣은 것입니다. 장난 같지만 실제로 효과가 있다고 합니다. 화장실을 이용하는 남자들이 그 파리를 진짜로 착각하고 소변을 볼 때 정조준을 해서 주변으로 흘리지 않게 되고 그러다 보니 화장실이 청결해졌다는 것입니다. 이것은 바로 진화심리학의 원리를 응용해 남자의 사냥 본능을 자극하여 행동을 변화시킨 사례입니다. 이는 세계 최초로 네덜란드의 스키폴 공항에 설치되어 많은 인기를 끌었습니다.

　이것을 보고 영감을 얻은 게임 개발자들은 좀 더 재미있는 게임 방식을 고안해냈습니다. 소변 줄기를 이용한 게임을 만든 것인데, 첫 아이디어는 게임 개발자 콘퍼런스에서 장난처럼 소개되었지만 미국의 한 레스토랑에 실제로 설치되어 많은 인기를 끌었다고 합니다. 이 게임은 소변기에 부착된 센서가 소변의 방향을 감지해 12인치 스크린에 캐릭터를 표시해주는 방식입니다. 게임이 진행되는 60초 동안

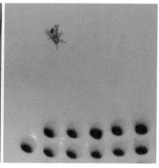

네덜란드 스키폴 공항에 설치된 파리가 그려진 변기
(참고: https://www.youtube.com/watch?v=OlCe0VIL0Eg)

손님들은 소변이 나오는 방향으로 캐릭터의 활강 코스를 조정하거나 활활 타오르는 불을 끄기도 합니다. 이는 "~하지 말라"는 식의 금지보다는 인간의 본능에 호소하는 설득이, 설득보다는 재미가 인간의 행동을 더 쉽게 변화시킬 수 있다는 것을 증명해주고 있습니다.

인간의 행동을 변화시키는 일은 매우 어렵습니다. 만약 이런 일이 쉽다면 우리는 마음대로 자녀 교육을 할 수 있고, 시민 교육도 할 수 있으며 정치도 쉽게 할 수 있겠지요. 그러나 현실은 그렇지 못합니다. 이럴 때 필요한 것이 넛지(Nudge) 이론입니다. 미국 시카고대학의 행동경제학자인 리처드 탈러(Richard H. Thaler) 교수와 법률가 캐스 선스타인(Cass R. Sunstein)이 『넛지*Nudge*』란 책에서 소개했죠. 사람들에게 강요하지 않고 유연하게 개입함으로써 선택을 유도한다는 이론입니다. 예를 들면 학교를 밝게 꾸미면 학교 폭력이 줄어들고, 범죄율이 많은 지역의 야간 조명을 밝게 하면 범죄가 예방된다는 등의 주장인데 전 세계 다양한 분야에서 활용되고 있고 실제로 성공한 사례들이 있습니다.

최근 스웨덴에서 게임의 재미를 이용하여 사람들의 행동을 변화시킨 재미있는 사례가 있어 소개합니다. 스웨덴은 재미를 이용하여 인간의 행동을 변화시키기 위한 다양한 프로젝트를 실험하고 있습니다. 그중 하나가 '재미있는 빈 병 재활용 박스'를 설치하고 관찰한 것입니다. 이 기계는 마치 오래된 오락실 게임기처럼 생겼습니다. 모양도 단순하고 작동 방법도 쉽지요. 시작 버튼을 누른 후 불빛이

재미있는 빈 병 재활용 박스
(참고: https://www.youtube.com/watch?v=zSiHjMU-MUo)

나오는 구멍 속으로 빈 병을 넣기만 하면 디지털 점수가 표시됩니다. 보상은 단지 그뿐인데도 사람들은 무척 재미있어 합니다. 실험 결과 이 재미있는 빈 병 재활용 박스는 주변의 다른 재활용 수거통보다 두 배나 많은 양을 수거했다고 합니다. 기계의 단순함에 비해 효과가 매우 컸죠. 단지 재미만을 주었을 뿐인데도 사람들의 행동이 빠르게 변화하는 것을 관찰할 수 있었습니다.

폭스바겐의 후원으로 진행된 이 프로젝트는 '재미이론(the fun theory)'에 기반한 캠페인입니다. 한국의 재활용품 분리 수거율은 61%로 독일(63%), 오스트리아(62%)에 이어 세계 3위입니다. 특히 한국에서는 빈 병을 동네 마트에 가져다 주면 돈으로 돌려주는 제도가 있기 때문에 이런 재미있는 재활용 기계를 만들어 전국에 설치한다면 빠른 시간 내에 세계에서 가장 재활용품 수거율이 높은 나라가 되지 않을까요?

또 다른 사례로 '춤추는 신호등'이 있습니다. 사람들은 빨간 불인데도 무단횡단을 하여 사고를 당하는 일이 많은데, 빨간 불인데도 길을 건너는 이유는, 단지 '기다리기 싫어서'라고 합니다. 어떻게 하면 빨간 불일 때 사람들을 기다리게 하여 사고율을 낮출 수 있을까요? 그런 고민에서 시작한 것이 바로 신호등을 재미있게 만들어보는 것이었습니다. '어떻게 하면 보다 안전한 도시를 만들 수 있을까' 하는 고민을 '재미'로 풀어 나갔고, 그 결과는 매우 성공적이었습니다.

'춤추는 신호등'은 준비된 부스에 사람이 들어가서 춤을 추면 그 영상이 신호등에 간단한 애니메이션으로 표현되는 것입니다. 사람

춤추는 신호등 (참고: https://www.youtube.com/watch?v=SB_0vRnkeOk)

들은 춤추는 신호등을 보며 재미있어 했고, 지루한 기다림의 시간을 즐겁게 보낼 수 있게 되었습니다. 당연히 무단횡단자는 줄어들었고 사고율도 낮출 수 있었지요. '재미'라는 요소만을 더했을 뿐인데 사람들의 행동이 변하는 마법 같은 순간이 만들어진 것입니다.

지금까지 우리는 게임이 우리에게 주는 혜택에 대해 살펴보았습니다. 이 중에는 디지털 게임의 형태를 띤 것도 있고, 게임의 재미를 활용한 기계도 있었습니다. 그러나 그 핵심에는 "게임적인 재미"가 있었지요. '게임' 하면 '중독'이 연상되는 이유는 게임에 대한 편견과 선입견 때문입니다. 고등동물인 조류와 포유류만이 놀기를 즐겨 합니다. 우리가 잘 논다는 것은 더 이상적인 진화를 하기 위해서입니다. 게임이 우리에게 이렇게 많은 혜택을 주고 있듯이 우리는 재미의 본질을 잘 이해하고 활용할 필요가 있습니다. 학교 교육에서 재미있는 선생님이 더 잘 가르치고 더 나은 학업성취를 올린다는 것은 이미 밝혀진 사실입니다. 그럼에도 불구하고 우리는 게임적 사고와 게임의 핵심인 재미를 소홀히 대하고 있습니다. 게임이 주는 재미의 힘과 게임이 가진 역할에 대해 다시 한 번 생각해볼 시간입니다.

윤형섭 | 게임학 박사. 어려서부터 게임을 좋아해 오락실에서 최고 기록으로 이름 새기기를 즐겨 했으며, 2009년 국내 최초로 게임학 박사를 취득했다. 21세기는 '재미의 시대'이기 때문에 게임의 재미 평가 및 재미 만들기 메커니즘 연구에 몰두하고 있으며, 페이스북 게이미피케이션 코리아 그룹에서 게이미피케이션 운동도 열심히 하고 있다. 게임의 상호작용성과 생동감이 모든 미디어를 리드해 나갈 것이라고 확신하고 있다. 현재는 상명대학교 대학원 게임학과 학과장으로 재직 중이다. 저서로는 『게임디자인1』, 역서로는 『게임 디자인 원리』, 『게임 디자인원론』 1~3, 『휴먼 네트워킹』이 있으며 공저로는 『게이미피케이션: 세상을 플레이하라』, 『한국 게임의 역사』 등이 있다.

자동차는 미래 과학기술이 집약되는 기술 집합소 같은 사물입니다. 인공지능과 에너지, 소재, 화학, 기초 물리 등 다양한 과학이 접목되는 물체이기 때문이죠. 최근 구글이 화제를 일으켰던 인공지능 알파고 또한 자동차로 들어오게 됩니다. 그러니 자동차의 미래에 관심을 두는 것, 그것이야말로 과학기술에 대한 호기심을 갖는 것 아닐까요?

미래 자동차에 올라타 보자!

| 권용주 |

■　　자동차는 어떻게 움직일까요? 여러분들이 알고 있듯 어떤 물체가 움직이려면 힘이 필요하고, 힘을 만들어내려면 힘의 원천이 되는 에너지가 있어야 합니다. 에너지가 없으면 움직임 자체가 불가능하지요. 자동차가 어떻게 움직이냐고 물어보면 누군가는 "연료를 넣어 움직이는 것"이라고 대답합니다. 연료는 액체인데 어떻게 자동차를 움직이는 에너지로 바뀌는 걸까요?

자동차는 어떻게 움직이는 걸까?
우리가 자동차 연료로 알고 있는 휘발유와 경유는 사실 탄소덩어리입니다. 보통 휘발유 1리터에는 탄소 입자가 630개 정도가 들어 있고, 경유에는 710개가 들어 있습니다. 이 탄소들이 엔진으로 불리는 연소실에 들어가면 절구처럼 생긴 피스톤이 강한 힘으로 누르며 압력을 가해 불을 붙입니다. 그럼 '펑'하고 터지면서 피스톤이 밀려납니다. 그 힘으로 피스톤이 축을 돌리고, 이런 움직임이 계속 반복되면 축이 회전합니다. 이때 얻어진 운동에너지가 바퀴에 전달되면 비로소 차가 움직입니다. 휘발유는 전기적인 스파크를 이용해 인위적으로 불을 붙이지만, 경유는 계속 압축을 하면 스스로 터지는 힘이 있어 이를 이용합니다.

그런데 엔진에서 나오는 힘을 바퀴로 보내려면 전달자가 필요합니다. 그

자동차의 동력전달 장치

것이 바로 '변속기'라 부르는 것이지요. 물론 동력을 전달하지 않는 역할도 동시에 합니다. 자동차가 정지해야 할 때 힘이 바퀴에 전달되면 안 되니까요. 그래서 동력을 연결하고 끊는 장치가 변속기에 같이 들어 있습니다. 과거에는 동력을 전달하고 끊는 역할을 수동 클러치로 조작했고, 최근에는 전달과 차단을 자동으로 해주는 '자동변속기'가 많이 이용됩니다.

동력이 만들어지고, 그 힘이 바퀴에 전달되면서 자동차는 속도를 냅니다. 속도를 높일 때는 가속 페달을 많이 밟게 되죠. 가속 페달을 많이 밟으면 엔진 안으로 더 많은 연료가 들어가 폭발을 한다는 뜻입니다.

그런데 여기서 잠깐, 연료는 홀로 탈 수 있을까요? 아닙니다. 산소가 없으면 제대로 타지 못합니다. 그래서 연료가 들어갈 때 공기도 같이 들어가 섞이게 되는데, 이를 연료와 공기가 혼합된 기체라 해서 '혼합기(混合氣)'라고 합니다. 혼합기가 엔진 안에서 압축될 때 불을 붙여 태웁니다. 경유가 섞인 혼합기라면 압축만 강하게 하면 됩니다. 경유 혼합기는 압축을 하면 온도가 올라가고, 이렇게 오르다 보면 혼합기 스스로 연소를 하

기 때문이지요. 그래서 점화 플러그가 경유 자동차에는 없고, 휘발유 차에는 있는 것입니다.

속도를 높이기 위해서는 연료와 공기가 엔진에 더 많이 들어가야 합니다. 그러기 위해선 가속 페달을 좀 더 세게 밟아 공기가 들어오는 통로를 넓혀주어야 합니다. 그러면 공기가 많이 들어가 이를 센서가 인식해 연료도 많이 들어가는 원리이지요.

자동차를 멈추려면?

그렇다면 제동은 어떤 원리로 이뤄질까요? 예를 들어 무게 2,000kg의 자동차가 시속 100km로 달리다 정지하려면 많은 힘이 필요합니다. 그런데 우리는 브레이크 페달을 살짝 밟기만 해도 쉽게 서는 것

자동차 바퀴의 브레이크 장치

을 경험합니다. 밟는 데 힘을 별로 들이지 않았는데도 어김없이 멈춰 서는 것이죠. 그럼 발로 브레이크 페달을 누르는 힘이 정말 고속으로 달리는 2,000kg의 자동차를 세웠을까요? 물론 아닙니다. 브레이크 페달 누르는 힘으로만 자동차를 세우는 것은 불가능합니다.

그래서 필요한 것이 배력 장치입니다. 운전자가 브레이크 페달을 밟을 때 제동력을 높이기 위해 3~4배로 힘을 증폭시키는 장치입니다. 운전자가 브레이크 페달을 밟으면 그 힘은 배력 장치를 통해 훨씬 커지게 됩니다. 자동차를 세울 수 있을 만큼의 힘으로 커지는 것이죠. 이렇게 배력 장치를 통해 만들어진 힘이 바퀴 좌우를 단단히 잡으면 회전하던 바퀴에

마찰이 발생하면서 자동차가 멈춥니다. 이때 줄어드는 속도 즉, 운동에너지는 바퀴와 바퀴를 잡는 패드 사이의 마찰열로 사라지지요. 보통 시속 100km에서 정지할 때 발생하는 온도로만 커피 10잔을 끓일 수 있을 만큼 뜨거운 에너지가 방출된다고 하니 대단하죠. 최근에는 제동할 때 나오는 열에너지를 다시 회수해서 활용하는 방법으로, 제동할 때 발전기를 돌려 전기를 얻는 장치도 적용하고 있습니다. 어떻게든 에너지의 손실을 줄이되 전환되는 에너지라면 다시 회수하려는 노력인 셈이지요.

새로운 에너지의 등장

인류가 에너지를 재활용하려는 노력은 그만큼 에너지 소비를 줄이기 위한 행위라는 것을 모두 아실 겁니다. 탄소덩어리인 자동차 연료는 엔진에서 연소된 후 사라지지 않고 다른 물질로 전환되는데, 그게 바로 탄소가 산소와 만나 발생하는 일산화탄소나 이산화탄소 등입니다. 이런 물질을 적게 배출하기 위해 에너지를 최대한 재활용하는 겁니다.

그럼 반드시 휘발유나 경유와 같은 석유자원을 자동차 에너지원으로 써야 할까요? 불행히도 지금은 이들을 대체할 마땅한 에너지가 없습니다. 무려 140년 동안 땅속 석유를 자동차 에너지원으로 사용해왔지요.

하지만 인류는 매우 현명하기도 합니다. 이산화탄소 배출량을 줄이기 위해 어떻게든 석유 사용을 줄이려는 노력을 해왔죠. 그리고 주목한 것이 바로 전기(elcetric)입니다. 전기를 자동차로 끌어오면 엔진을 대신할 수 있거나 엔진의 역할을 줄일 수 있고, 그러면 배출가스도 감소한다는 점을 놓치지 않았던 것이지요. 그리고 전기로만 모터를 돌려 바퀴를 회전시키면 배출가스도 없으니 얼마나 좋은가요.

이런 상상은 현재 실제로 실현되고 있습니다. 바퀴를 돌릴 수 있을 만큼의 전기 에너지를 자동차에 담아 모터를 돌리는 것이죠. 그리고 전기

동력을 자동차에 담아낸 최초의 자동차가 1997년에 등장한 토요타의 프리우스(Prius)입니다. 물론 1950년대 이미 전기차가 등장했고, 거슬러 올라가면 1920년대 뉴욕에도 전기차가 있었습니다. 하지만 충전에 너무나 오랜 시간이 걸리고, 배터리가 무거워 주행거리가 무척 짧았지요. 그

최초로 내연기관과 전기 동력을 겸용으로 사용한 프리우스

래서 전기차는 사라지고, 내연기관 자동차만 살아남게 된 겁니다. 하지만 현대에 와서는 전기를 자동차에 이용할 만큼 기술이 발전했지요.

전기를 자동차에 담아낸 자동차, 예를 들면 토요타 프리우스와 같은 자동차를 통상 하이브리드 전기자동차(HEV, Hybrid Electric Vehicle)라고 부릅니다. 원리는 간단합니다. HEV에는 전기를 담기 위한 배터리가 들어 있는데, 엔진이 작동할 때 바퀴를 돌리는 동시에 전기를 만들어 충전을 합니다. 보관된 전기는 힘이 많이 필요할 때 꺼내 사용합니다. 일정한 힘을 대신하게 되니 그만큼 엔진 역할이 줄어 연료를 많이 태우지 않아도 되고, 배출가스도 줄어드는 장점이 있습니다.

그런데 HEV도 단점은 있습니다. 전기를 엔진에서만 얻는다는 것이지요. 다시 말해 엔진이 작동돼야 전기를 얻을 수 있습니다. 그래서 아이디어를 낸 것이 그냥 주차돼 있어도 전기를 얻는 방법이었습니다. 그냥 플러그에 콘센트를 꽂고 전선으로 자동차에 충전을 하면 굳이 엔진의 힘을 빌리지 않아도 되는 원리입니다. 충전된 전기로 자동차를 운행하다 전기가 바닥나면 HEV와 같은 방식으로 전환시켜 다시 엔진에서 전기를 얻는 것이지요. 이런 차를 '플러그인 하이브리드(Plug-in Hybrid Vehicle)', 줄여서 'PHEV'라고 합니다.

충전 중인 전기자동차

사실 PHEV는 100% 전기로만 구동하는 순수 전기차(EV, Electric Vehicle)에 근접한 자동차라고 할 수 있습니다. 자동차에서 전기의 역할을 HEV보다 한 단계 추가한 것이기 때문이죠. 다시 말해 PHEV는 HEV와 EV의 중단 단계지만 사실은 EV에 가까운 겁니다. 아직은 전 세계에 전기를 충전할 수 있는 곳이 많지 않아 EV의 운행이 어렵다는 점에서 대안으로 등장한 게 바로 PHEV입니다.

이처럼 전기를 동력원으로 쓰는 움직임이 있는가 하면 배출가스가 없는 또 하나의 연료로 세상은 '수소(hydrogen)'를 주목하고 있습니다. 수소는 인체에 무해한 가장 가벼운 기체이고, 지구 상에서 아홉 번째로 풍부한 기체입니다. 우주로 가면 전체에 존재하는 모든 물질 질량의 75%를 차지할 정도로 풍부한 원소이기도 하죠.

수소를 주목한 또 다른 이유는 수소를 공기 중의 산소와 반응시켰을 때 나오는 물질 때문입니다. 수소(H) 두 개와 산소(O) 하나를 반응시키면 물(H_2O)이 만들어지면서 동시에 전기가 발생하는데, 여기서 나오는 전기로 바퀴를 돌리면 됩니다. 그리고 결합된 물질, 즉 물(H_2O)은 밖으로 나오게 되죠. 한마디로 배출물질로 순수한 물이 만들어지는 겁니다. 이런 차를 수소연료전지자동차(Hydrogen Fuel cell Vehicle), 줄여서 'HFV'로 부르기도 합니다.

그럼 수소는 어디서 얻을까요? 수소는 우리 주변에 풍부하게 존재합니다. 석유에서 뽑아낼 수도 있고, 물을 분해해서 얻을 수도 있습니다. 하지만 물의 경우 수소를 추출하기 위해 또다시 전기가 필요한 만큼 궁극

수소 전기차에 근접한 PHEV(왼쪽)와 수소를 연료로 하는 전지 자동차 HFV(오른쪽)

의 무공해 방법은 아니지요. 그런데 물 분해에 필요한 전기를 태양열이나 풍력, 수력 등의 자연에서 얻을 수 있다면 그야말로 무공해의 순환이고, 인류는 배출가스 없는 자동차 세상을 맞이하게 되는 겁니다. 과학자들이 많은 연구를 진행하는 것도 바로 이 부분입니다. 어떻게 해서든지 자연 에너지를 효율적으로 획득하려는 것이죠.

똑똑한 자동차의 미래

새로운 에너지 탐색이 지구 환경을 지키기 위한 인류의 노력이라면, 똑똑한 자동차로의 전환 이른바 '스마트 카(smart car)'는 인간의 편의를 위한 노력입니다. 왜냐하면 기계적인 판단으로 자동차 사고를 원천적으로 없애려는 시도이기 때문입니다.

흔히 말하는 '스스로 운전하는 자동차'의 정확한 용어는 '자율주행 자동차(Autonomous Vehicle)'입니다. 이런 자율주행 자동차에 대한 상상은 사실 오래전부터 있었죠. 미국에서 1980년대 방영되었던 드라마 〈전격 Z작전〉의 인공지능 자동차 '키트'가 바로 자율주행의 대표적인 사례로 꼽힙니다. 주인공이 음성으로 명령을 하면 스스로 시동을 걸고, 이동을 하며, 음성으로 대답도 합니다. 영화 〈트랜스포머〉에 등장하는 '범블비'도 똑똑한 자율주행 자동차의 한 종류로 볼 수 있죠.

　기본적으로 자동차가 똑똑해진다는 것은 자동차 스스로 판단이 가능한 시스템 구축을 의미합니다. 예를 들어 승용차 체어맨에 적용된 차로이탈경고 시스템(LDWS, Lane Difference Warning System)은 정상적인 차선 주행 여부를 자동차 스스로 판단하는 것인데, 비정상적인 방법으로 차선을 이탈할 경우 경고음을 내보내 운전자의 주의를 환기시키죠. '적응식 정속주행 시스템(ACC, Adapted Cruise Control)'도 마찬가지입니다. 앞차와의 거리를 자동차 스스로 판단해 차의 앞뒤 거리를 조절합니다. 사람의 역할 일부를 자동차가 대체해 똑똑한 자동차로 진화해 나가는 겁니다.

닛산의 콘셉트카, 피보2

　2007년 일본 동경 모터쇼에 첫선을 보인 닛산의 '피보2(Pivo2)' 콘셉트카(concept car)●는 판단의 범위를 더욱 넓힌 차로 유명합니다. 운전자와 대화할 수 있는 로봇 에이전트가 얼굴 인지기술을 사용해 운전자의 기분을 파악하고, 상황에 따라 격려하거나 위로까지 합니다. 이외 운전에 필요한 각종 정보를 스스로 판단해 제공하는데, 한마디로 운전자 역할을 크게 감소시킨 것이지요.

●콘셉트카
새로운 기술을 개발 중인 자동차 모델을 샘플로 만들어 보여주는 차로 자동차 전시회에서 가끔 볼 수 있다.

　운전자의 역할을 줄이는 데는 자동차 사이의 커뮤니케이션도 한몫합니다. 벤츠의 '카투엑스(Car-2-X)' 시스템은 자동차와 자동차가 서로 소통하는 기능입니다. 서로의 정보를 공유해 사고를 사전에 방지하는 것이 목표인데, 사고 위험을 줄이려는 적극적 안전 시스템으로 보면 됩니다. 사고가 났을 때 탑승자의 상해를 줄이는 것이 현재 자동차에 적용된 수동적 안전장비라면 '카투엑스'는 다른 차와의 커뮤니케이션으로 충돌 가능성을 애초부터 제거하는 매우 앞선 개념의 안전 시스템인 것이지요.

볼보에 탑재되어 있는 '사각지대경고 시스템 (BLIS, Blind Spot Information System)'도 안전을 위한 첨단 기능입니다. 주행 중 운전자 시야에 들어오지 않는 좌우 사각지대의 위험을 미리 알려주는 것으로, 사이드미러 하단에 소형 카메라가 부착되어 있어 위험물이 감지되면 경고등을 밝히게 되죠.

다른 차와의 커뮤니케이션으로 사고 위험을 줄이는 시스템 카투엑스

자동주차보조 시스템(parking assistance system)으로 화제가 되었던 폭스바겐의 티구안은 스스로 주차 각도를 측정해 스티어링휠(steering wheel) 즉, 핸들의 움직임을 제어합니다. 이 시스템을 작동하면 운전자는 핸들에서 손을 떼고 페달만 밟고 있으면 됩니다.

사이드미러 하단에 소형 카메라가 부착된 BLIS

졸음방지 기능도 주목받고 있습니다. 룸미러 후면에 장착된 카메라가 주행 방향을 확인해 정상 궤도를 이탈하면 소리나 진동을 통해 경고해줍니다. 볼보의 차선이탈방지 시스템은 시속 65km 이상에서 차선을 벗어날 때 경고음을 내고, BMW는 시속 70km 이상에서 방향 지시등을 켜지 않거나 브레이크 조작 없이 차선을 넘어서면 강한 진동을 핸들에 전달하죠. 모두 졸음 운전 시 발생할 수 있는 차선이탈을 방지하는 기능입니다.

자동주차보조 시스템이 장착된 폭스바겐의 티구안

좀 더 발전해 아예 추돌을 방지하는 기능도 등장했습니다. 시속 30km 이하 조건에서 전방에 물체가 있을 때 속도를 줄이거나 멈추게 하는 장치

인데, 앞유리 상단에 부착된 카메라가 전방의 교통 상황을 인지해 속도를 제어합니다. 가다 서다를 반복하는 도로 상황에서 빈번한 접촉사고를 방지하는 시스템으로 인기가 높습니다.

영상기술의 발전과 함께 자동차도 진화한다

지금까지 소개한 차종이나 기능을 보면 대부분 카메라와 전파가 반드시 수반된다는 공통점이 있습니다. 특히 카메라를 자동차에 결합해 우리 눈으로 인식할 수 없는 사각지대까지 모두 보여주는 것이 첨단 기능의 트렌드라 할 수 있습니다. 인피니티에 적용된 '어라운드 뷰(Around view)'는 자동차 전후는 물론 좌우 측면까지 360도 전체를 보여줍니다. 마치 운전자가 밖에서 자동차를 직접 둘러보는 것과 같은 영상을 보여주는 셈이지요.

이런 점에서 자동차 진화는 영상기술 발전과 맥락을 같이할 수밖에 없습니다. 수많은 카메라가 자동차에 부착되고, 셀 수 없이 많은 센서가 곳곳에 부착돼 유기적으로 정보를 판단하는 겁니다. 인간은 자동차 스스로 정보를 판단할 수 있는 기준만을 제시하면 되는 것이지요.

2015년 제네바 모터쇼에 쌍용차가 XLV 콘셉트카를 공개한 바 있습니다. 2011년 프랑크푸르트 모터쇼에서 소개한 XIV의 롱 바디 버전이지만 핵심은 '스마트(smart)'였죠. 휴대용 스마트 기기와 연동돼 각종 기능을 실시간으로 업데이트하고, 다양한 자동차 제어 시스템을 제공합니다. 이른바 똑똑한 자동차를 표방하며 세상에 얼굴을 드러낸 것이지요.

그런데 이런 첨단 기능의 최종 목적지는 자동차 스스로 운전하는 것입니다. 구글이 내놓은 구글카(Google Car)는 완벽한 자율주행 기능이지만 아직 개선할 점도 많습니다. 사람이 직접 눈으로 보고 판단하는 것보다 인식 가능한 조건에 한계가 있기 때문이죠. 예를 들어 같은 장애물이라도 재질은 파악하지 못한다는 겁니다. 앞에 있는 장애물이 보행자인지,

사물인지, 동물인지 판단하지 못하는 것이지요. 사람은 직관적으로 장애물을 판단해 피할 것인지, 추돌할 것인지 순간 판단을 하지만 인공지능은 아직 그 정도 수준의 인지력은 갖추지 못했습니다. 그래서 무조건 피하는 쪽인데, 만약 피하다가 다른 보행자와 추돌한다면 더 큰 문제가 발

자율 주행이 가능한 구글카

생할 겁니다. 그래서 인공지능 자동차도 사물 인식의 정확도를 높이는 연구에 많은 과학자가 매달리고 있습니다.

새로운 소재의 등장

미래 에너지로 여러 대안이 등장하고 있지만 그래도 인류는 앞으로 50년 이상은 지금의 휘발유와 경유, LPG 등을 연료로 사용하는 자동차를 사용할 수밖에 없습니다. 그래서 어떻게든 배출 가스를 줄이려고 노력하고 있죠.

그리고 배출가스 감소는 크게 세 가지 분야로 추진되고 있습니다. 먼저 연료를 엔진에서 태울 때 최대한 잔량이 남지 않도록 많이 태우는 방법입니다. 1리터 연료가 지닌 에너지 총량을 모두 엔진에서 얻을 수 있다면 그만큼 1리터로 움직일 수 있는 주행거리가 늘어납니다. 어딘가로 이동하려고 자동차를 이용하는 것이니 주행거리가 늘어나는 것은 효율이 올라간다는 의미이고, 이는 곧 환경에 도움이 되는 것을 의미합니다.

두 번째는 1리터당 주행거리를 늘리기 위해 몸무게를 줄이는 방법입니다. 사람도 몸이 무거우면 움직임이 둔해지고, 동작을 할 때마다 몸집이 작은 사람보다 더 많은 에너지가 필요합니다. 자동차도 마찬가지 원리입

니다. 그래서 몸무게를 가볍게 하려고 최근에는 철이 아닌 알루미늄 소재를 많이 사용합니다. 그리고 마그네슘과 플라스틱의 일종인 탄소 복합소재도 사용하죠. 철에 비해 무게도 가볍고 강도도 높아 사고 때 부상 가능성이 줄어든다는 장점이 있습니다. 게다가 자동차 무게가 10% 줄면 효율은 3% 올라갑니다. 그래서 새로운 소재에 주목하고, 여러 소재의 사용 가능성을 타진하는 겁니다.

그렇다면 지금 당장 이런 소재를 많이 사용하면 되는 것 아니냐고 묻고 싶을 겁니다. 아직 실용화되지 못하는 이유는 경제성 때문입니다. 과학기술은 새로운 소재를 사용하지만 그렇다고 모든 소재가 일상으로 들어오는 것은 아닙니다. 알루미늄의 경우 철보다 가볍고 좋지만 가격은 철보다 5배나 비쌉니다. 마그네슘과 탄소 소재 복합플라스틱 또한 가격이 비싸서 아직 대중화는 어렵습니다. 이 말은 곧 과학자들이 소재 개발뿐 아니라 소재의 가격을 낮추는 생산 및 제조 방법을 연구하고 있다는 말이기도 하지요. 소재가 만들어져도 가격을 낮추는 방법이 없다면 보급과 확산이 어려울 테니까요.

2016 제네바 모터쇼

앞으로 만나게 될 미래 자동차

많은 과학자가 앞으로 미래는 전기차가 주도할 것으로 보고 있습니다. 그런데 여기서 전기는 단순히 석탄이나 석유, 천연가스를 태워 얻어내는 것도 있지만, 원자력도 있습니다. 그런데 이런 에너지는 모두 공해물질을 배출하는 것이 문제입니다. 전기차를 위해 이른바 석유 연료 또는 원자력을 이용해야 합니다. 석유 연료는 탄소를 배출하며, 원자력은 폐기물로 방사성물질을 배출합니다. 그래서 전기차는 궁극의 대안이 될 수 없다고 말하지요.

그럼에도 전기차가 세상을 지배한다는 것은 전기를 얻을 수 있는 에너지원이 다양하기 때문입니다. 지금도 물의 높낮이를 이용해 수력발전을 하고, 파도의 높낮이를 이용한 파력, 조수간만의 차이를 이용한 조력, 바람의 힘을 이용한 풍력, 태양을 이용한 솔라 전기 등을 얻고 있습니다. 하지만 소재와 마찬가지로 전기를 얻어내는 비용이 비싸서 확대가 어렵습니다. 그래서 과학자들은 어떻게 하면 전기를 얻는 데 비용을 낮출 수 있을까에 주목하고 있습니다. 자연에서 전기를 얻는 비용이 떨어진다면 굳이 석유를 태우는 화력발전과 방사능 폐기물 처리에 곤란을 겪는 원자력 발전을 하지 않아도 되기 때문이지요. 그런 의미에서 미래는 전기 에

태양광 자동차(왼쪽)와 인텔리전트 카(오른쪽)

너지가 곧 움직이는 모든 이동 수단의 힘이 될 것으로 보입니다.

　지금까지 자동차의 기본적인 원리와 앞으로 다가올 미래 자동차의 세상을 조금이나마 들여다보았습니다. 그렇다면 여러분은 앞으로 어떤 과학기술을 주목해야 할까요? 사실 자동차는 미래 과학기술이 집약되는 일종의 기술 집합소 같은 사물입니다. 인공지능과 에너지, 소재, 화학, 기초 물리 등 다양한 과학이 접목되는 물체이기 때문이죠. 최근 구글이 화제를 일으켰던 인공지능 알파고 또한 자동차로 들어오게 됩니다. 그러니 자동차의 미래에 관심을 두는 것, 그것이야말로 과학기술에 대한 호기심을 갖는 것 아닐까요?

권용주 │ 자동차 전문지 《오토타임즈》 편집장. 홍익대학교에서 문학을 전공하고, KAIST 문술미래전략대학원 과학저널리즘에서 공학 석사를 받았다. MBC 라디오 〈손에 잡히는 경제〉, KBS 라디오 〈경제 나침반〉 등 많은 프로그램의 자동차 전문 패널로 활동 중이며, YTN 라디오 〈권용주의 카 좋다〉 MC를 맡았다. 20년 이상의 자동차 전문기자 경험을 통해 얻은 미래 자동차의 주도권 싸움을 흥미롭게 풀어낸 『자동차의 미래권력』을 썼고, 〈한국경제신문〉과 월간 《모터트렌드》 등 다양한 미디어에 자동차 칼럼을 활발히 연재하고 있다.

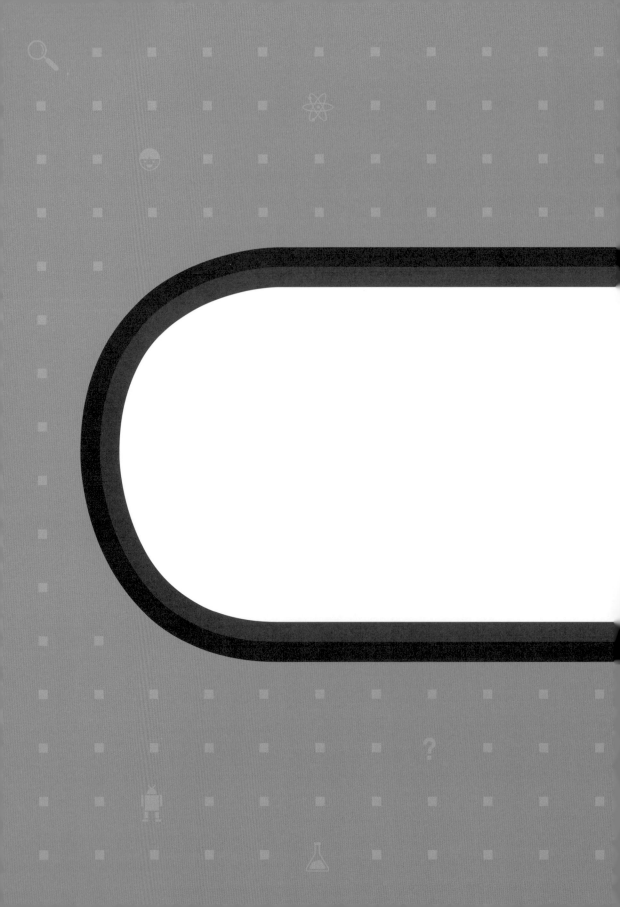

와글와글 읽고 쓰기

|과학자들의 서재|

인터넷이 우리의 읽기, 쓰기를 어떻게 변화시켰는지 구체적으로 살펴보면 읽기와 쓰기를 별개의 활동으로 생각했던 이전과는 달리 지금은 이 두 가지가 함께 이루어지는 경우가 많습니다. 독자와 글쓴이가 동시적으로 역할을 바꾸어가면서 의사소통을 합니다. 이는 의사소통을 하는 말하기, 듣기와도 비슷합니다.

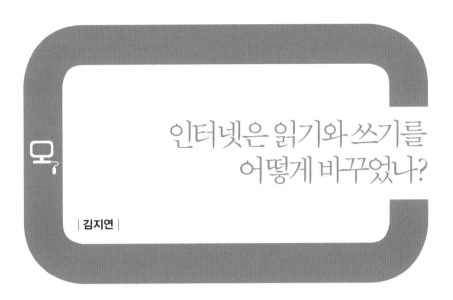

인터넷은 읽기와 쓰기를 어떻게 바꾸었나?

| 김지연 |

■　　　인터넷은 이제 우리의 삶에서 필수적인 존재가 되었습니다. 세계 곳곳은 인터넷으로 연결되어 있고, 이를 통해 사람들은 여러 가지 방식으로 의사소통을 합니다. 이 글을 읽고 있는 여러분에게도 인터넷은 다양한 의미가 있을 것입니다. 인터넷이 없는 삶을 상상하기란 쉽지 않습니다. 특히 사회생활을 하는 사람들이라면 말입니다.

인터넷과 우리의 일상

우리나라는 인터넷 강국이라 불릴 정도로 높은 인터넷 이용률을 보입니다. 그만큼 사람들은 인터넷을 활용하여 다양한 활동을 하고 있지요. 스마트폰으로 할 수 있는 대부분의 일은 사실 인터넷 없이는 불가능한 것들입니다. 사람들은 종종 스마트 기기 때문에 쉴 시간이 더 없어졌다고 한탄하기도 합니다. 24시간 전부를 업무 시간으로 바꿔놓은 것이 바로 스

● 클라우드 시스템

데이터를 인터넷과 연결된 중앙 컴퓨터에 저장해 인터넷에 접속하기만 하면 언제 어디서든 데이터를 이용할 수 있는 시스템.

마트 기기들 때문이라는 것이죠. 그리고 그 중심에는 인터넷이 있습니다. 우리는 이제 모두 '연결'되어 있으니까요. 365일 24시간 동안 말이죠. 언제 어디서나 누구와도 연락할 수 있고, 파일을 전송할 수도 있습니다. 클라우드 시스템(cloud system)● 덕택에 다양한 용량의 정보를 보관할 수도 있고요.

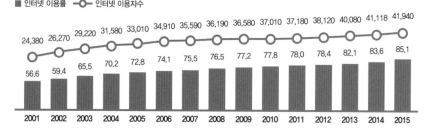

인터넷 이용률 및 이용자수 변화 추이(%, 천 명)

* 2004년 조사부터 인터넷에 모바일 인터넷을 포함시켰으며, 인터넷 이용자 정의도 '월평균 1회 이상 인터넷 이용자'에서 '최근 1개월 이내 인터넷 이용자'로 변경함.
* 2006년부터 조사대상을 만 3세 이상 인구로 확대함(2000년~2001년: 만 7세 이상 인구, 2002년~2005년: 만 6세 이상 인구).

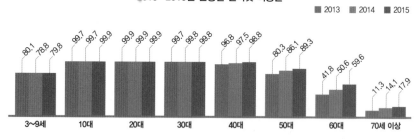

2013~2015년 연령별 인터넷 이용률

연령별 인터넷 이용률을 살펴보면, 우리의 인터넷 라이프가 어떻게 진행될지 예측할 수 있습니다. 아날로그 세대라고 할 수 있는 60~70대 어른과 디지털 세대라고 할 수 있는 10~20대의 인터넷 이용률 차이는 정말 놀라울 정도입니다. 심지어 3~9세 어린이들도 인터넷 이용률이 매우 높은 수준입니다. 여기에서 주의 깊게 봐야 할 것은 60~70대의 사용률 추이입니다. 점점 더 높아지고 있죠. 할아버지, 할머니 역시 점점 더 인터넷을 많이 사용하고 있다는 것을 알 수 있습니다. 전 세대에 걸쳐 인터넷 사용이 증가하고 있다는 걸 알 수 있지요.

  그렇다면 우리는 인터넷으로 무엇을 하고 있을까요? 인터넷은 우리의 삶에 어떤 영향을 미치고 있는 것일까요? 다음의 그래프를 살펴볼까요.

인터넷 이용 용도

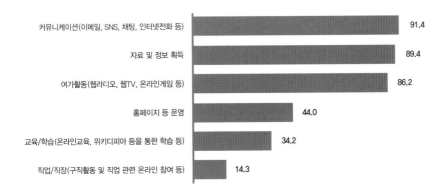

위 그래프는 '인터넷을 어떤 용도로 이용하고 있는가'를 조사한 결과입니다. 무려 90%가 넘는 사람들이 인터넷을 커뮤니케이션에 활용하고 있다고 답했습니다. 그다음으로는 '자료와 정보 획득'을 위해 인터넷을 사용하고요. 물론 TV를 보거나 게임을 하는 등의 여가에도 활용하고 있습니다. 그만큼 우리 삶에 더 밀접하게 다가와 있다는 이야기겠죠.

  사람들과 의사소통을 할 때, 알고 싶은 것을 찾고 배울 때, 그리고 여가 시간에 인터넷을 합니다. 전 세계의 많은 사람과 연결되어 있다는 것,

그리고 그들이 함께 소통하는 가상의 공간이 존재한다는 것은 정말 신비로운 일이지요.

디지털 공간에서의 읽기와 쓰기

제가 여기에서 이야기할 것은 이러한 인터넷 세상에서 우리의 읽기와 쓰기가 어떻게 변화했는가에 대한 것입니다. 책장을 넘기던 시절, 연필로 꾹꾹 눌러가며 글씨를 쓰던 시절과 과연 얼마나 달라졌을까, 그리고 우리는 그 변화를 어떻게 받아들여야 할까를 고민해보는 것입니다.

본격적인 이야기에 앞서, '문식성(文識性, literacy)'이란 말을 먼저 짚고 넘어가고자 합니다. 사전적 의미로 '문자를 읽고 쓸 수 있는 능력'을 문식성이라고 합니다. 원래는 문자 언어와 관련한 능력을 주로 이야기하던 개념이었는데요, 점차 음성 언어를 이용한 의사소통으로 확장되어서 현재는 의사소통과 관련한 전반의 능력 또는 소양으로까지 개념이 확장되었습니다. 매체 문식성, 광고 문식성, 뉴스 문식성, 복합양식 문식성 등과 같이 말이죠. 이렇게 문식성의 개념이 확장된 데는 매체의 발달이 큰 역할을 했습니다. 현재 국어교육학에서 다루는 내용도 함께 확장되었죠. 국어과 교육, 즉 우리가 사용하는 모국어의 능력을 학습하는 것이 바로 문식성 교육이라 할 수 있습니다.

여러분도 예전 사람들과 비교할 때 의사소통을 하는 방식과 매체가 상당히 달라졌다는 걸 알고 있을 것입니다. 가장 큰 요인은 바로 인터넷이겠지요. 디지털 매체가 발달하면서 새롭게 대두된 문식성을 일컬어 '디지털 문식성'이라고 합니다. 인터넷을 통해 SNS에서 의사소통을 하는 것, 스마트폰을 통해 사람들과 이야기하고 연락을 주고받는 것, 정보를 검색하는 것 역시 폭넓은 의미에서 디지털 문식성이라 할 수 있습니다. 이건 아주 짧은 시간 동안 급속도로 바뀐 경향입니다. 그리하여 이전의 인쇄

매체, 면대면 중심의 문식성과 대비하여 온라인, 디지털 매체를 중심으로 한 문식성을 신문식성(new literacy)이라고 이야기합니다. 이 글에서 이야기할 것들은 바로 이러한 신문식성의 영역에 포함되는 것입니다.

문자의 한계를 넘어선 색채, 이미지, 영상, 음성 등 다양한 양식의 텍스트를 일컬어 복합양식 텍스트(multimodat text)라고 합니다. 그리고 이러한 복합양식의 텍스트가 다양한 채널(multi channel)로 다양한 주체(multiple groups)들과 소통되는 것을 총칭하는 말이 복합 문식성(multiliteracy)입니다. 현대 시대는 더 복잡한 복합 문식성의 시대로 가고 있습니다.

자, 이론이나 학술적 개념에 대해서는 이정도로 설명하는 것으로 하고, 좀 더 쉬운 예를 들어 설명해보도록 하겠습니다. 지금 멋진 음식점에서 맛있는 음식을 먹고 있다고 상상해보세요. 아름다운 음식점 분위기와 잘 차려진 음식을 친구들에게 자랑하고 싶다면 여러분은 어떻게 하시겠습니까? 아마도 예전이라면 지금 먹고 있는 음식의 맛과 모양 등을 잘 기억해두고 있다가 친구를 만났을 때 언제 어디에서 어떤 음식을 어떻게 먹었고 그 맛은 어떠했다고 미주알고주알 이야기했을 것입니다. 그리고 그건 다른 친구를 만날 때마다 일일이 되풀이해 이야기해야만 했겠죠.

하지만 지금과 같은 환경이라면 다를 것입니다. 아마 지금 이 이야기를 듣는 순간 여러분들의 머릿속에는 수많은 생각이 스쳐 갔겠죠? 아마도 SNS를 하는 친구들이라면, 자신이 가지고 있는 SNS 계정을 떠올렸을 것

입니다. 트위터, 페이스북, 인스타그램, 또는 블로그 등등. 그리고 여기에 글만 써서 올리기보다는 아마도 음식점, 음식, 함께 있는 사람들과 함께 즐거워하는 사진 등을 같이 올릴 생각을 했을지도 모르겠습니다. 어떤 이들은 생생하게 영상으로 찍어 올리기도 하죠. 요리가 지글지글거리는 소리를 집어넣기도 하고, 음식을 탐스럽게 집거나, 냠냠 먹는 장면을 그대로 넣어가면서 말입니다. 이렇게 현대 시대의 사람들은 자신이 전하고자 하는 메시지를 SNS를 통해(디지털 문식성), 다양한 사람들에게 다양한 방식으로(복합 문식성), 이전과는 다른 매체(매체 문식성)를 통해 새로운 방식으로 의사소통(신문식성)하고 있습니다.

디지털 세상에서 소통하기

여러 매체에서 10대 청소년들을 '디지털 원주민(digital natives)'이라고 일컫고 있습니다. 이전 세대인 '디지털 이주민(digital immigrants)'과 구별되는 새로운 생각과 행동 패턴을 가진 인간이라는 것이죠. 디지털 문화를 태어났을 때부터 접하고 그것을 누려온 세대들이 바로 그 대상입니다. 이 때문에 지금의 교육 방식에 대해 비판의 날을 세우는 학자들도 있습니다. 과연 디지털 원주민 세대를 디지털 이주민의 관점으로 가르치는 것이 올바른 것일까에 대한 근본적 물음인 거죠. 그에 대한 고민은 여전히 진행 중이고 교육과정이나 교과서도 점차 변하고 있습니다. 디지털 교과서 역시 그 변화 가운데 하나입니다.

  게임이나 가상현실, 사이버 공간, 3D에 대한 기존의 인식이나 태도도 점차 바뀌고 있습니다. 물론 이런 변화의 중심에는 디지털 매체의 발달이 있습니다. 하지만 그보다 더 분명한 계기로 꼽는 것은 역시 인터넷의 등장과 성장입니다. 언제나 연결되어 있는 세상, 그리고 누구에게나 접근 가능해진 환경 등을 이제 우리는 항상 고려해야 한다는 것입니다.

그렇다면 인터넷이 우리의 읽기, 쓰기를 어떻게 변화시켰는지 좀 더 구체적으로 살펴보겠습니다. 일단 읽기와 쓰기를 별개의 활동으로 생각했던 이전과는 달리 지금의 읽기, 쓰기는 함께 이루어지는 경우가 많습니다. 독자와 글쓴이가 동시적으로 역할을 바꾸어가면서 의사소통을 합니다. 이건 구어에서 의사소통을 하는 말하기, 듣기와도 비슷합니다. 누군가와 마주 앉아 대화를 할 때 우리는 듣는 동시에 말을 하니까요. 이것이 문자로도 가능한 시대가 된 것입니다. 또한 읽기의 방식 역시 복합양식 텍스트가 등장함으로써 이전과 다른 양상을 보입니다. 그래서 이제는 쓰기(writing)를 디자인(designing)이라고 구별해서 이야기합니다. 당연히 '디자인'된 텍스트를 보는 것과 '쓰인' 텍스트를 읽는 것엔 차이가 있죠. 읽기가 아닌 '보기'라고 이야기하는 학자들도 있는 것처럼요. 영화 시나리오는 '읽는' 것이고, 영화 영상은 '보는' 것이라고 이야기하면 좀 더 쉽게 이해할 수 있을 것입니다.

그렇다고 해서 읽기가 이제 쓸모없어진 것은 절대 아닙니다. 다만 오늘날 의사소통을 잘하기 위해서 필요한 다른 기능이 추가된 것입니다. 즉, 우리는 이제 음성 언어로 하는 의사소통, 문자로 하는 의사소통, 그리고 복합양식으로 하는

의사소통을 다 함께 숙지해야 할 필요가 있습니다. 그만큼 이미지와 영상, 음성으로 이루어지는 의사소통이 활발해졌으니까요.

비판적으로 읽기

디지털, 인터넷 시대의 읽기 교육에서 중요하게 다루어지는 개념은 바로 '비판적 문식성(critical literacy)'입니다. 인터넷 시대의 가장 큰 특징이라고 한다면, 자료가 많아도 너무 많다는 점이겠지요. 게다가 출처를 일일이 확인하기도 쉽지 않고요. 게다가 자료의 확산 속도는 엄청나게 빠릅니다. 그래서 의외의 피해자가 생기기도 하고, 급작스럽게 스타가 탄생하기도 하죠. 물론 인터넷은 수많은 일이 가능한 공간입니다. 하지만 그만큼 위험성도 큰 곳입니다. 이제 사람들은 신뢰할 수 있는 자료를 선별해내고자 합니다. 그래서 등장한 개념이 바로 '큐레이션(curation)'입니다.

요즘 미디어에 자주 오르내리는 용어 중에 '파워'라는 단어를 붙여 표현하는 말들이 있습니다. 파워블로거, 파워트위터리안 같은 말들이죠. 힘을 가진 인터넷 필자라는 이야기입니다. 이들은 많은 이에게 큐레이션 서비스를 하는 대표적인 사람들입니다. 누구나 자유롭게 글을 쓸 수 있는 온라인 백과사전 '위키피디아' 역시 큐레이션의 성격을 가진 페이지입니다.

자, 박물관 또는 미술관을 생각해봅시다. 각 전시관의 유물과 작품을 목적에 따라 분류하고 전시하는 일을 하는 사람들을 '큐레이터(curator)'라고 합니다. 큐레이션은 다른 사람들이 인터넷 공간 안에 흩어놓은 글이나 자료를 목적에 따라 분류하고 배포하는 일을 뜻하는 말입니다.

검토해야 할 자료들이 많아질수록 선별된 양질의 정보에 대한 요구는 더 많아질 수밖에 없습니다. "정보가 너무 많아. 누가 꼭 집어주었으면 좋겠어"라고 외치고 싶어지는 것이죠. 그러나 큐레이션은 특별한 전문가만이 할 수 있는 직업적 능력도 아니고, 타고난 재능이 필요한 것도 아닙니다. 이렇게 자료가 넘쳐나는 시대에서 우리가 모두 길러야 하는 기능, 기술이라고 할 수 있습니다. 이러한 능력을 기르기 위해서는 기존의 읽기 능력을 탄탄하게 다져야 하는 한편, 각각의 자료 출처를 확인하고 평가하고 검토하는 자세가 필요합니다. 물론 다양한 검색 시스템이나 검열 시스템 등이 불필요한 정보를 걸러줄 수도 있을 것입니다. 스팸메일을 걸러주는 시스템처럼요. 하지만 그것이 언제나 완벽하다고 할 수는 없습니다. 그러므로 우리는 스스로의 비판적 문식성을 길러야 할 필요가 있는 것이죠.

새롭게 만들어진 글쓰기 공간

인터넷 시대의 쓰기는 어떻게 이루어지고 있을까요? 미국의 대표적인 하이퍼텍스트(hypertext)◦ 이론가 데이비드 볼터(Jay David Bolter, 1951~)는 자신의 책에서 "인터넷의 발달로 인해 새로운 글쓰기 공간(writing space)이 생겨났다"라고 선언한 바 있습니다. 그의 말처럼 이 시대의 글쓰기는 정말 새로운 공간에서 이루어지는 것이 많지요. 많은 사람이 예쁜 편지지에 손글씨로 쓴 편지를 받아본 지 오래되었다는 이야기를 합니다. 이런 편지가 현실 세계에서 이루어지는 실물의 글쓰기 자료라고 한다면, 이를 대체하고 있는 이메일은 바로 이 새로운 글쓰기 공간에서 소통되고 있는 자료입니다. 새로운 글쓰기 공간의 특징은 다음과 같습니다.

● 하이퍼텍스트
사용자에게 비순차적인 검색을 할 수 있도록 제공되는 텍스트. 문서 속의 특정 자료가 다른 자료나 데이터베이스와 연결되어 있어 서로 넘나들며 원하는 정보를 얻을 수 있다.

- 정보를 '더 많은 사람'이 볼 수 있다.
- 정보를 '누구나' 볼 수 있다.
- 정보를 '쉽게 복사, 이동'시킬 수 있다.
- 정보를 '빨리' 퍼뜨릴 수도 있다.
- '다양한 형태'의 정보를 다룰 수 있다.

그만큼 글쓰기는 그 중요성이 점차 증대되고 있습니다. 우리나라 대학에서 글쓰기 강의가 새롭게 정비되고 개설되는 이유도 사회적인 요구를 감지했기 때문입니다. 새로운 공간에서 이루어지는 글쓰기를 능숙하게 할 수 있다는 것은 그만큼 자신의 경쟁력을 높이는 일이기도 합니다. 이전에는 글을 쓰는 사람이 작가, 기자, 학자 등 글쓰기를 직업으로 하는 사람에 그쳤다면 요즘은 자신의 글을 많은 이에게 읽힐 방법이 매우 다양해졌습니다. 바로 SNS를 통해서 말입니다.

온라인과 오프라인을 가로지르는 글쓰기

마찬가지로 필자가 새로운 글쓰기 공간에서 갖게 되는 정체성 역시 다양한 양상을 띱니다. 예를 들어 저의 경우도 오프라인 세계에서는 '김지연'으로 살아가지만, 온라인 공간에서는 다양한 닉네임으로 존재하고 있으니까요. 어떤 곳에서는 제 전공이 무엇인지, 어떤 직업에 종사하는지 전혀 알 수 없습니다. 심지어 성별까지도요. 이렇게 한 사람에게 다양한 정체성이 공존하고 이것을 장소와 시간에 따라 다양하게 넘나드는 것 역시 최근 글쓰기 공간에서 활발하게 이루어지고 있습니다. 또한 온라인에서 알게 된 사람을 오프라인에서 만나기도 하고, 오프라인의 지인들과 온라

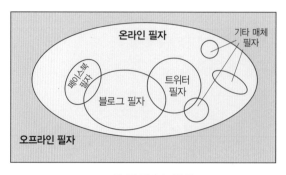

인터넷 필자의 다중성

인에서도 계속 연락을 주고받는 것이 가능하지요. 결국 인간의 의사소통 공간이 확장된 만큼 인간관계 역시 넓어지고 있습니다. 그에 관한 이야기를 좀 더 해볼까 합니다.

저는 얼마 전 페이스북에 사진을 하나 올렸습니다. 제가 기르고 있는 검은 고양이 사진이었습니다. 고양이 이름은 '자몽'입니다. 사진을 찍은 당일에는 제가 휴일이라 집에 고양이와 단둘이 있게 되었는데 어쩌다 심하게 싸웠습니다. 그 후에 고양이가 토라져 현관 앞에 우두커니 앉아 있었는데 싸운 뒤에 현관 앞에서 시위하듯 웅크리고 있던 고양이가 귀엽기도 하고 웃기기도 해서 사진을 찍고 이런저런 이야기와 함께 페이스북에 글을 올린 것이죠. 그런데 재미난 일이 벌어졌습

니다. 순간 22명의 사람들이 이 글을 읽고 '좋아요'란 반응을 해줬고 10여 명의 사람들이 이에 대한 댓글을 단 것입니다. 간단히 'ㅋㅋㅋ'이라고 반응한 친구가 있는 한편, 동물에 대한 상식이 풍부하고 예전에 실제로 자몽이를 만난 적이 있던 지인은 댓글을 상세하게 달아주기도 했습니다. 더 놀라운 건 미국에서 유학 중인 선배도 글을 읽고 댓글을 남겨준 것입니다. 이 간단한 사례만 보더라도 인터넷으로는 외국에 있든, 시차가 있든, 장소가 어디든 서로 소통하는 것이 가능하다는 것을 알 수 있습니다.

인터넷에서 글을 쓸 때 특히 재미있는 것은 사람들의 반응에 대해서도 반응할 수 있다는 것입니다. 즉, 댓글에 대한 댓글을 달 수 있다는 것이죠. 저는 이들과는 전혀 다른 장소에 있지만 약간의 시간 차이를 두고 대화를 할 수 있었습니다. 만나지 않았지만 만날 수 있었던 것이죠. 바로 이것이 인터넷 글쓰기의 특징을 가장 확실하게 보여주는 예라고 할 수 있습니다.

인터넷 글쓰기의 특징

인터넷 글쓰기에는 몇 가지 특징이 있습니다.

첫째, 소재가 일상적인 것이 많다는 점입니다. 사람들은 자신의 일상과 관련된 글을 자주 쓰고 이에 대한 반응도 많아졌습니다. 앞서 예로 든 페이스북 역시 그 한 예가 될 수 있습니다. 현재 SNS에 올라오는 글은 대부분이 개인 일상의 기록들이 차지하고 있습니다. 일상적인 소재를 잘 활용한 매체에는 블로그도 빠질 수 없습니다. 블로그는 웹(web) + 일지(log)의 합성어입니다. 즉, 웹에 올리는 일지라는 것이죠. 소소한 이야기가 많이 올라갑니다. 특히, 우리나라에서 발달한 '와이프로거'는 아내(wife) + 블로거(blogger)의 합성어로, 가정주부, 기혼자 블로거를 지칭하는 신조어입니다. 이러한 와이프로거들이 블로그에 쓰는 내용은 육아와 살림, 요리, 패션, 인테리어 등의 내용이 주를 이룹니다. 예전에는 여성 잡지에서 기자들이 선별하여 썼던 기사 같은 글들이 더 쉽고 다양하게 정리되어 있습니다. 일상의 글이 산더미처럼 쏟아지는 현상을 보고 정보 과잉의 시대라고 비판하는 이들도 있습니다만, 다양한 사람이 다양한 공간에서 다양한 글을 쓴다는 것은 표현의 자유와 확대라는 측면에서 볼 때, 분명 바람직한 움직임이라고 할 수 있습니다. 그리고 이런 현상을 바탕으로 최근에 이루어지는 연구가 바로 '빅데이터' 연구입니다. 많은 정보는 또 나름의 방식으로 분석되고 분류된다는 것입니다.

둘째, 플랫폼이 다양해졌습니다. 글쓴이들 역시 자신에게 적합한 플랫폼을 탐색하고 선택하게 되었죠. 플랫폼은 기차나 버스 등의 정거장을 가리키는 용어에서 가져온 것인데 지금은 IT용어로 정착했습니다. 예를 들어, 블로그나 페이스북 역시 SNS 플랫폼 중 하나입니다. 만일 동네를 지나다가 뭔가 고쳐야 할 시설을 발견했다고 합시다. 이걸 어디에 어떻게 이야기해야 할까 고민하겠죠. 주민센터에 전화를 할까, 아니면 각 기관의 홈페이지 게시판에 글을 올릴까, 담당자 이메일 주소로 메일을 보낼까, 아니면 포털 사이트 토론 게시판에 사진을 찍어 올리고 불만을 토로할까, 그것도 아니면 내 트위터나 페이스북에 올려볼까 등 다양한 방식을 선택할 수 있습니다. 이것이 바로 플랫폼에 대한 고민입니다.

다양한 인터넷 글쓰기 플렛폼, SNS

이제 메시지를 송신할 때에는 플랫폼부터 고민해야 하는 시대인 거죠. 이걸 고민하는 이유는 각 플랫폼마다 가진 특성이 각기 다르기 때문입니다. 독자에게 노출되는 정도도 다르고 파급 효과나 영향력 역시 각기 다르게 나타납니다. 나의 글쓰기 목적에 따라 신중하게 탐색하고 선택해야 하는 것은 이런 이유에서입니다. 몇 년 전, 세계를 강타했던 가수 싸이의 노래 〈강남 스타일〉을 기억하나요? 유튜브에 올렸던 싸이의 뮤직비디오 영상을 영미권 스타들이 리트윗하면서 불길처럼 유행했죠.

셋째, 관계가 달라졌습니다. 독자와 글쓴이의 네트워크가 강화되었죠. 특히, 지인과 함께 소통할 수 있는 SNS 같은 경우라면 더더욱 그렇습니다. 자신이 쓴 글의 반응을 실시간으로 확인해볼 수 있고, 독자의 반응에 따라 수정하거나 보충할 수도 있지요. 최근에는 출판된 소설책에 대한 독자의 의견 역시 서평 사이트나 출판사 이메일 등을 통해 작가에게 직접 감상을 전달할 수 있게 되었습니다. 온라인에서의 변화가 오프라인으로 확대된 것이죠. 요즘 라디오 프로그램에서는 인터넷 게시판으로 사연을 바로바로 받고, 생방송 시간에는 문자 메시지로 사연도 받습니다. 초창기 라디오 사연이 우편엽서, 편지 등으로 이뤄졌던 걸 생각하면 정말 놀라운 수준이죠. 즉각적으로 방송시간에 퀴즈를 내고 문자로 답을 받는 것도 가능해졌으니까요. 최근 정치가나 연예인 등이 잘못된 행동을 하면, 사람들이 SNS 계정부터 찾아가 항의를 하는 것도 종종 볼 수 있습니다. 오프라인의 만남은 힘들지 몰라도 온라인에서의 만남은 그만큼 가깝고 쉬워졌다는 이야기겠죠. 이와 함께 사람들 간의 배려와 예의가 뒷받침되어야 합니다. 사실, 그 부분에 대한 부작용 역시 끊임없이 나타나고 있습니다. 온라인도 오프라인과 마찬가지로 '사람 간의 관계'라는 측면에서 분명 마음이 다칠 수 있는 것인데 말입니다.

학교 안에서 학교 밖으로까지 이어지는 생애 필자 시대

이 정도의 설명으로 인터넷과 읽기, 쓰기의 변화 전부를 설명하는 것은 무리겠지만, 빠르게 변화하고 있는 읽기, 쓰기 공간에 대해 고민해보는 기회가 되었기를 바랍니다. 우리는 지금 '생애 필자'의 시대를 살아가고 있습니다. 수업 과제물이나 연구서를 작성할 때, 업무 보고서나 기획서를 쓸 때처럼 공적으로만 글을 쓰는 시대가 아니라, 생애 전반에 걸쳐 글을 써야 하는 시대를 살아가고 있습니다. 이렇게 생애 필자의 시대를 연 건, 바로 다양하고 새로운 플랫폼이 생겨났기 때문입니다. 그것이 많은 이에게 글을 쓰고 싶다는 의욕을 불어 넣어주었고, 구체적인 행동으로 이어지게 하였습니다.

이제 우리는 우리에게 새롭게 열린 글쓰기 공간에서 어떤 정보를 공개하고, 받아들일지 고민해야 합니다. 왜냐하면 이 공간은 현실세계의 공간보다 더 빠르고 경계가 없기 때문입니다. 이제 학생들은 학교에서 선생님이 내준 쓰기 과제

뿐 아니라 학교 밖에서도 글을 씁니다. 이전의 교육과 학습이 학교 안에서 주로 이루어졌다면, 요즘은 학교 밖에서 배우는 것도 많아졌습니다. (참고로 이것을 '학교 밖 문식성'이라고 합니다.) 그 과정에서 우리는 시·공간을 넘어 말과 글을 주고받습니다. 그러므로 우리는 이제 단순히 단어, 문장, 문단 단위의 글쓰기뿐 아니라, 어디에, 누구에게, 어떻게 전달할지도 고민해야 합니다. 꾸준히 나의 언어를 연습하고 숙고하는 습관을 들여야 한다는 것이죠.

과연 어떻게 시작해야 할까? 아마도 고민이 앞서는 친구들이 있을지 모르겠네요. 여기에서 필요한 가장 중요한 덕목은 다른 곳에 있지 않습니다. 바로 여러분의 '관심'과 '참여' 그것이면 충분합니다.

김지연 │ 명지대학교 교육대학원 국어교육 전공 전임 교수. 고려대학교 국어교육과를 졸업하고 동대학 대학원에서 국어교육학 석·박사학위를 받았다. 예비교사들에게 국어를 가르치는 방법을 가르치고 있으며, 디지털 미디어 세상에서 사람들이 의사소통하는 것에 관심을 갖고 이를 연구하고 있다. 과학 분야에서 글쓰기와 읽기의 중요성을 알려줌으로써 대중과 소통하는 과학자, 마음을 움직이는 과학자가 탄생하기를 바라며 '10월의 하늘'에 참여하였다.

검색 엔진에는 사용자가 원하는 것을 정확하고 신속하게 찾아
주기 위한 검색 기술이 사용됩니다. 알고자 하는 내용의 단서
가 되는 몇 개의 단어만 입력하면 인터넷 이곳저곳에 있는 정보
들이 한 화면에 검색되어 나옵니다. 이런 검색 기술들은 어떻게
탄생하게 되었을까요?

인터넷 사용자를 위한
다양한 검색 기술

|김연중|

■　　여러분, 검색 엔진이라는 말을 들어보셨나요? 그럼 네이버, 다음, 구글과 같은 이름은요? 이들 회사는 모두 검색 엔진을 기본으로 하는 포털 사이트를 운영하고 있습니다. 각 사이트마다 고유의 검색 엔진을 갖고 있지요. 이 회사들은 어떤 기술을 사용해 검색 서비스를 하고 있을까요? 또 우리가 생활 속에서 알게 모르게 사용하고 있는 검색 기술은 무엇이 있을까요? 지금부터 이런 궁금증을 하나씩 풀어나가 보겠습니다.

생활 속 검색 엔진

우선 우리가 매일 사용하는 휴대전화기에 쓰이는 검색 엔진을 살펴보도록 하겠습니다.

휴대전화 주소록에서 '권'을 검색했을 때 볼 수
있는 화면

인터넷 서점 도서 검색 서비스

왼쪽 사진은 저의 안드로이드 휴대전화기 주소록에서 '권'을 검색하면 나오는 결과입니다(이름은 살짝 가렸답니다). 사진에서 보는 것과 같이 '권'으로 시작하는 연락처들의 목록이 화면에 뜹니다. 그 아래 사진에서는 '권'으로 끝나는 연락처, 이름 중간에 '권'이 들어간 연락처가 검색된 화면입니다. 이처럼 휴대전화기의 주소록 프로그램에도 빠른 검색 결과를 제공하기 위해 검색 기술이 사용됩니다.

맨아래 사진은 한 인터넷 서점의 국내도서 검색 화면입니다. 저자 이름, 출판사, 책 이름, ISBN 등을 입력하면 원하는 책을 검색할 수 있지요. 이렇게 책을 검색하는 프로그램에도 검색 엔진이 들어 있고, 정확하고 신속하게 찾아주기 위한 검색 기술이 사용됩니다.

알고자 하는 내용의 단서가 되는 몇 개의 단어만 입력하면 인터넷 이곳저곳에 있는 정보들이 한 화면에 쭉 검색되어 나옵니다. 그렇다면 이런 검색 기술은 어떻게 탄생했을까요? 사람들은 오랜 옛날부터 무언가 기억할 것이 있으면 기록으로 남겼습니다. 대표적인 예가 벽화입니다. 고대 동굴벽화, 이집트의 피라미드, 고구려의 무용총 수렵도 등과 같이 당시의 사회·문화를 그림으로 표현한 것이 많습니다.

그러나 이런 그림에서 작가가 표현하고자 하는 정확한 의미를 후대의 사람들이 똑같이 해석해내기는 힘들죠. 인류는 그림만으로는 후대에 지식 전달이 힘들다고 생

(왼쪽부터) 알타미라 벽화, 이집트 벽화, 무용총 수렵도

각했는지 모릅니다. 그래서 탄생한 것이 문자입니다. 문자(글자)로 의미를 기록하면서 더욱 정확한 지식 전달이 가능하게 되었죠. 옛날에는 문자를 아는 사람이 매우 적었으며 특권층 사람들만이 문서를 만들거나 볼 수 있었습니다. 당연히 문서를 읽고 기록하고 만드는 사람도 매우 제한적이었지요. 그러나 문명이 발달하고 구텐베르크(Johannes Gutenberg, 1397~1468)●에 의해 근대 활판 인쇄술이 발명되면서 문서의 생산량도 많아지게 됩니다. 문서의 양이 적을 때는, 어떤 내용이 기록된 문서를 찾고자 할 때 어떤 책(또는 두루마리)에 기록되었고, 책의 어디를 보면 된다는 것을 쉽게 알 수 있었습니다. 하지만 문서의 양과 종류가 많아지면서 특정 내용의 글이 어디에 있는지 찾기가 점차 힘들어지게 되었지요. 이때부터 검색의 기본이 되는 기술들이 하나씩 등장하게 됩니다.

● 구텐베르크

1440년경 구텐베르크는 마인츠에서 금속 활자를 발명하여 인쇄술 부문에서 혁명을 일으켰다.

인덱스 만들기

일취월장(日就月將)이라는 말을 아시나요? 날로달로 나아지거나 발전해 나간다는 의미의 사자성어입니다. 열심히 노력한다는 의미로 많이 쓰이죠. 그런데 일취월장이라는 단어가 어떻게 생겨났는지 알아보려면 어떻게 해야 할까요? 우선 유교 경전 중 사서삼경●에서 나왔을 것으로 추측하고 사서삼경 일곱 권을 전부 찾아 차근차근 읽어보는 방법이 있겠죠(참

● 사서삼경

『논어』, 『맹자』, 『중용』, 『대학』의 네 경전과 『시경』, 『서경』, 『주역』의 세 경서를 말한다.

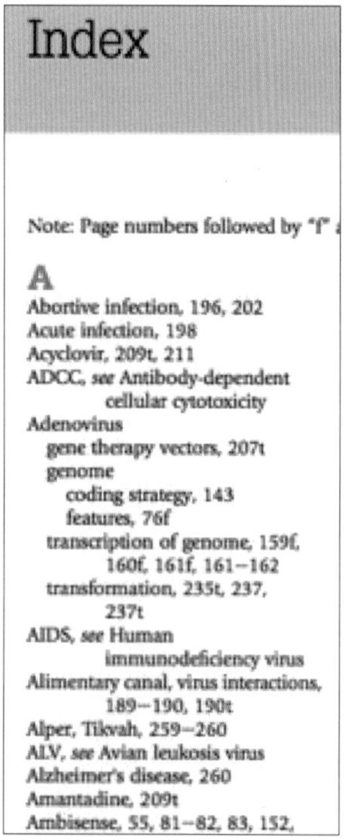
Index

Note: Page numbers followed by "f" a

A
Abortive infection, 196, 202
Acute infection, 198
Acyclovir, 209t, 211
ADCC, *see* Antibody-dependent cellular cytotoxicity
Adenovirus
gene therapy vectors, 207t
genome
coding strategy, 143
features, 76f
transcription of genome, 159f, 160f, 161f, 161–162
transformation, 235t, 237, 237t
AIDS, *see* Human immunodeficiency virus
Alimentary canal, virus interactions, 189–190, 190t
Alper, Tikvah, 259–260
ALV, *see* Avian leukosis virus
Alzheimer's disease, 260
Amantadine, 209t
Ambisense, 55, 81–82, 83, 152,

고로 일취월장은 사서삼경 중 『시경』의 「주송」 편의 '경지'에 나옵니다). 이렇게 전체 내용을 모두 찾는 것을 전체 검색(full search)라고 합니다.

전체 검색은 단순히 전부를 모두 찾으면 되니 그 구성이 간단합니다. 하지만 찾고자 하는 것이 앞에 있는지, 뒤에 있는지, 얼마나 많이 나오는지 문서의 전체 내용을 다 살펴봐야 하니 불편하고 시간도 많이 든다는 문제점도 있지요.

전체 검색을 하지 않기 위해 만드는 것이 인덱스(index)입니다. 인덱스는 어떤 내용이 있는 곳을 표시하는 것입니다.

왼쪽의 사진에서 보는 것과 같이 단어들이 나온 페이지를 정리하여 적어놓으면 해당 단어가 나온 위치를 찾아가기 쉽겠죠? 이제 간단한 예를 이용해 어떻게 인덱스를 만들고 찾는지 살펴보도록 하겠습니다.

죽는 날까지 하늘을 우러러
한점 부끄럼이 없기를,
잎새에 이는 바람에도
나는 괴로워했다.
별을 노래하는 마음으로
모든 죽어가는 것을 사랑해야지
그리고 나한테 주어진 길을
걸어가야겠다.

오늘밤에도 **별**이 바람에 스치운다.

앞의 글은 윤동주 시인의 〈서시〉입니다. 이 시에서 '별'이 어디에 있는지 찾아볼까요? 별은 첫 번째 문단의 다섯 번째 줄에서 첫 번째 어절에 나오고, 두 번째 문단의 첫 번째 줄에서 두 번째 어절에 나옵니다. 원래 시는 '연'으로 구분하지만 여기에서는 편의상 문단 → 문장 → 어절의 순서로 문서 내 단어의 위치를 표현했습니다.

　그럼 '돌'은 어디에 나올까요? 돌은 위의 시에서 나오지 않은 단어네요. 위의 예에서 보는 것처럼 어떤 문서에서 단어를 찾으려면 우리는 전체 검색을 해야 했죠? 그렇다면 인덱스를 만들 경우 정말 전체 검색을 하지 않아도 되는지 알아보도록 하죠.

인덱스를 활용한 순차검색

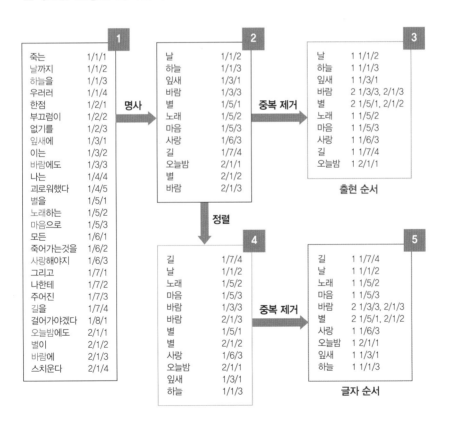

우선 인덱스를 만들기 위해서는 문서 내에서 나오는 단어들을 모두 나열하고 그 위치를 확인해야 합니다(**1**). 그리고 그중에서 인덱스로 뽑을 단어들을 선별하죠. 이 예에서는 명사(복합명사는 포함하고, 대명사는 제외)를 붉은색 글씨로 표시하고 뽑아냈습니다(**2**). 이렇게 뽑힌 명사들 목록에서 중복된 것을 없애보도록 하겠습니다(**3**). 그러면 **3**과 같이 인덱스가 만들어집니다. 이 인덱스는 단어가 나온 순서대로 적혀 있어서 먼저 나온 단어를 우선하여 찾을 수 있습니다.

그럼 이 인덱스에서 '별'을 찾아볼까요? 별은 인덱스 목록 **3**에서 다섯 번째에서 찾을 수 있습니다. 두 번 나왔고, 위치는 첫 번째 문단의 다섯 번째 줄의 첫 번째 어절(1/5/1)과, 두 번째 문단의 첫 번째 줄의 두 번째 어절에서 나왔네요(2/1/2). 앞에서 전체 검색을 하면서 찾은 결과와 같게 나왔죠? 그럼 '돌'을 찾아볼까요? '돌'은 인덱스를 전부 찾아봐도 찾을 수가 없네요. 조금 전 '별'과 '돌'을 찾을 때처럼 문서 전체를 검색하지는 않았지만, '별'의 경우 '바람' 다음에 있는 '별'까지만 검색하고 그 뒤에는 검색할 필요가 없다는 것을 알게 되었습니다. '돌'의 경우는 '돌'이 계속해서 나오지 않기 때문에 인덱스 끝까지 찾아도 없다는 것을 알게 되었죠.

그럼 이번에는 단어들을 **4**처럼 정렬해 보도록 하겠습니다. 그다음 정렬된 명사의 목록에서 중복 단어를 없애고 인덱스를 만듭니다(**5**). 그럼 **5**에서 이제 똑같이 '별'과 '돌'을 검색해볼까요? 가나다순으로 볼 때 '별'은 '바람' 다음에 검색이 됩니다. 자, 그러면 '돌'은 '노래'와 '마음' 사이에 나와야(한글 자모 순으로 정렬되어 있으므로) 하지만 그 사이에 '돌'이 없군요. 이때 우리는 바로 이 문서에서 '돌'이 없음을 알 수 있습니다. 이전 인덱스 **3**에서 '돌'이 있는지 확인을 하기 위해서 인덱스의 끝까지 찾아봐야 했던 것에 비해 중간에 빠르게 검색 결과를 알 수 있습니다.

이렇게 인덱스를 처음부터 끝까지 차례로 찾아보는 검색 방법을 순차

검색(sequential search)이라고 합니다. 그런데 인덱스에 들어 있는 단어가 아주 많다면 맨 처음부터 차례대로 찾는 데 시간이 오래 걸리겠죠? 조금 더 빨리 찾기 위해 많은 연구가 계속 진행되고 있답니다. 여기에서는 인덱스에 들어 있는 단어를 찾는 간단한 몇몇 기법을 살펴보도록 하죠.

이진검색

우선 이진검색(binary search)이라는 개념이 있습니다. 이진검색은 정렬된 데이터에서 원하는 단어를 찾는 가장 간단한 방법 중 하나입니다. 우선 찾고자 하는 단어를 인덱스의 중간 단어와 비교합니다. 이때 그 중간값보다 찾는 단어가 크다면 중간과 끝의 새로운 중간을, 그렇지 않다면 처음과 중간값의 새로운 중간값과 단어를 비교하죠. 예를 들어 살펴보면 인덱스 **5**에서 중간인 '별'과 비교를 하고(돌<별) 그다음에 '길'과 '바람'의 중간인 '노래'와 비교를 합니다(노래<돌). 이제 '노래'와 '바람'의 중간인 '마음'과 '돌'을 비교합니다(돌<마음). 마지막으로 '마음'보다 '돌'이 작은데 더는 찾을 인덱스 단어가 없으므로 찾고자 하는 단어가 없음을 결과로 제공하는 것이죠.

이진검색을 나무(tree)형태로 표현하면 이진트리(BT, binary tree)가 됩니다. 다음 페이지의 그림은 77쪽의 인덱스를 이진트리로 표현한 것인데, 우리가 '돌'을 찾으면 전체 인덱스의 가장 뿌리 노드(RootNode)●인 '별'과 우선 비교하고(돌<별) 결과가 '별'보다 작으므로 왼쪽에 있는 가지로 이동합니다. 이어 '마음'과 비교(돌<마음)하고, 이어서 '날'(날<돌)과 비교하고, 마지막으로 '노래'(노래<돌)와 비교를 합니다. 최종적으로 끝까지 갔는데 찾고자 하는 '돌'을 찾을 수 없으므로 결과 없음을 제공하게 되죠.

●뿌리 노드
트리형 구조에서 어떤 하나의 노드. 즉 연결 포인트가 있다면 이 노드의 상위에 연결된 노드를 말한다.

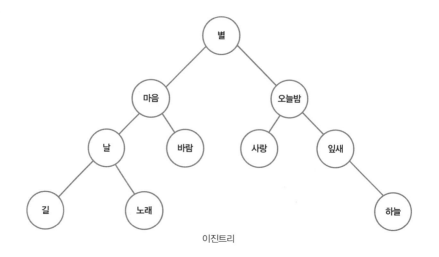

이진트리

이진트리는 한 개의 노드(칸, 연결 포인트)에 한 개의 단어만 비교할 수 있도록 되어 있어 아주 큰 인덱스를 만들기에는 불편합니다. 반면 B트리와 B+트리는 1개의 노드에 여러 개의 단어를 넣을 수 있어 한 번에 찾을 수 있는 단어가 많아져 더 빠르게 찾을 수 있습니다.

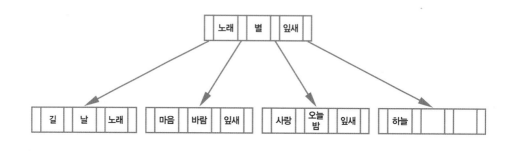

B트리

이진트리가 한 번에 한 개의 단어를 비교하지만 B트리, B+트리는 한 번에 여러 개의 단어를 비교하므로 비교해야 하는 단계를 많이 줄이게 됩니다. 이런 트리 형태 이외에도 해시(Hash), 트라이(Trie), 시그니처(Signature) 같은 검색 기법도 많이 사용됩니다.

해시

지금까지 원하는 것을 빠르게 찾아주는 방법에 대해 알아봤습니다. 이제부터는 원하는 것을 '잘' 찾아주는 기술에 대해 조금 더 살펴보도록 하겠습니다.

질의 처리

우선 원하는 것을 잘 찾기 위해서는 질문을 잘해야 합니다. 질문을 잘하는 가장 좋은 방법은 문서를 인덱스로 만드는 것과 똑같은 방법으로 질문을 해석하여 만드는 것입니다. 이런 과정을 보통 '질의어 처리'라고 한답니다.

검색기는 질의어 처리를 통해 만들어진 질의를 이용해 인덱스를 검색하여 결과 후보를 만듭니다. 그리고 질문을 가장 만족시킨 결과를 먼저 제공하도록 우선순위를 조절하는 것을 랭킹(ranking)이라고 합니다. 질의어 처리기, 검색기, 랭킹을 합하여 질의 처리기(query processor)라고 합니다.

질의 처리기에서는 더 편리한 검색을 하기 위해 자연어 처리를 연구하기도 합니다. 컴퓨터가 이해하기 좋은 형태(논리식)로 질문하는 것이 아니라 우리가 일반적으로 말하는 것과 비슷하게 질문을 해도 이해하도록 하는 것입니다. 예를 들면 '별&밤'이 아닌 '별과 밤'으로 검색이 가능하다는 의미입니다.

랭킹의 경우는 주어진 단어를 가장 잘 표현하는 문서를 찾는 것이 목적입니다. 보통 질문이 문서 안에서 등장하는 빈도를 따지거나(TF, term frequency), 얼마나 많은 문서에서 질문이 나왔는지를 역으로 따지는(IDF, inverse document frequeny) 방식, 문서 내에서 나오는 단어들을 벡터(문서와 단어의 관계를 수로 표현)로 처리하는 방식, 사람들이 질의의 검색결과로 많이 선택한 문서(방문을 많이 한 문서에 가중치를 높여줌)를 선택하는 방식 중 한 가지 또는 여러 가지를 섞어서 사용합니다.

이외에도 각각의 검색 엔진들은 개별적으로 고유의 랭킹 방식을 갖기도 합니다.

검색의 품질을 높이려면

이제 검색의 품질을 조금 더 높이기 위한 노력을 살펴보도록 하겠습니다. 무언가를 검색하는데, 앞의 글자는 기억이 나는데 뒤의 글자가 잘 기억나지 않는 경우가 가끔 있죠? 이럴 때 내가 입력한 글자를 포함하는 단어 중 인기가 높은 글자를 추천하는 기능이 있습니다. 이를 위해 사람들이 많이 찾는 질문 중 중요 단어를 뽑고 정렬합니다. 이렇게 정렬된 단어들의 출현 빈도(나온 횟수)를 계산합니다. 마지막으로 질문을 포함하는 단어들 목록에서 출현 빈도가 가장 높은 순서로 결과를 제공합니다.

검색어를 입력할 때 오타를 내는 경우도 많습니다. 영어 자판에서 한글을 입력하거나, 반대로 한글 자판에서 영어를 입력할 때도 자주 있죠. 이런 경우 입력된 키보드의 눌림 순서를 반대로 추적하여 영어와 한글을 변환하기도 합니다. 오타의 종류는 크게 누락(글자 빠짐), 삽입(글자 추가), 대체(다른 글자로 씀)로 나뉩니다. 오타를 고치기 위해 편집 거리(edit distance)라는 것을 많이 사용하는데, 이 편집 거리는 원래 단어와 오타 단어 사이의 틀린 정도를 나타냅니다. 보통은 글자 개수(한글의 경우 자모의 개수)로 표현합니다. 오타가 들어오면 오타와 편집 거리가 짧은 단어 목록을 찾아 오타를 바로잡습니다.

이미지, 색상, 동영상, 음악 검색 기술

검색 엔진이 다루는 대상은 문자나 문서만이 아닙니다. 많은 학자가 문서 중심의 검색 기술이 어느 정도 완성되자 그다음 목표로 삼은 것이 바로 이미지(그림, 사진)입니다. 이미지의 경우는 그림을 구성하는 색상(color, 색깔 분포 포함), 형상(texture, 그림 내의 물체들의 형상 또는 문양) 등 이미지 자체의 특징(feature)과 이미지를 설명하는 문장(text)을 검색의 대상으로 합니다.

문장의 경우 기존 문서 중심의 검색 기술이 사용되고, 이미지 검색에는 주로 벡터 검색기법이 사용됩니다. 벡터 검색기법은 이미지가 가지고 있는 특징을 고차원 벡터 형태로 기술하고, 질의 이미지와 검색 대상이 되는 이미지 간의 벡터 유사도를 계산하여 유사도가 높은 이미지를 결과로 제공합니다. 고차원 벡터의 유사도를 계산할 때는 데이터를 분석하고 처리하는 데 고도의 계산 능력이 필요합니다. 계산량을 줄이기 위해 이미지 내의 물체들을 인식하여 아이콘으로 표시하는 기법도 연구되었답니다. 이미지 검색 기술의 응용은 상당히 광범위한데, 예전에는 영화에서나 보았던 지문 인식이나 홍체 인식 시스템이 요즘은 디지털 기기에 실용화되고 있습니다. 스마트폰과 노트북 등 각종 잠금장치에도 지문 인식이 활용되고 있습니다.

이미지 검색기술은 확대되어 비디오(동영상) 검색기술로 발전합니다. 비디오의 경우 이미지가 연속되는 것으로 볼 수 있는데, 모든 비디오 프레임(순간순간의 화면)을 전부 인덱스로 만들기에는 비슷한 부분도 많고 데

이터가 많아져서 보통은 인덱스 프레임이라고 부르는, 화면의 내용이 많이 바뀌는 프레임만을 색인합니다. 그리고 함께 재생되는 대사는 문장(text)으로 기록하고, 문장에 대한 검색기술을 적용합니다. 이때 문장과 프레임을 서로 맞추는 것도 중요한 부분 중 하나입니다.

음악 검색에도 음의 박자와 음정·장단·소리의 강약·음색·음문 등의 특성과, 가사를 문장으로 관리하는 방식을 이용하여 음원을 색인합니다. 단, 기존의 이미지나 비디오와는 다르게 검색하고자 하는 음악의 정확한 가사를 기억하지 못할 때도 있습니다. 이럴 때 검색기법으로 사용되는 것 중 하나가 허밍(콧소리) 검색입니다. 허밍 검색의 경우 앞서 나온 음악의 여러 특징 중 박자, 음정, 장단, 강약 등을 이용하여 검색을 수행합니다.

위치 기반 검색

문서나 이미지, 비디오(동영상) 그리고 음악 검색 이외에도 내비게이션이나 지도 사이트에서 사용되는 위치 기반 검색(공간 검색)이 있습니다.

위치 기반 검색의 예로는 "내 주변에 있는 주유소", "서울역 근처의 은행"을 찾는 것과 같이 특정 위치 주변에 대한 주변 검색이 있습니다.

"2016년 10월 28일 한남대교를 지나간 차량", "태풍 매미의 경로와 가장 유사한 경로를 갖는 태풍" 등과 같이 물체가 이동한 경로를 찾거나 특정 경로와 비슷한 경로를 검색하는 이동경로 검색도 있습니다.

그리고 경로 주변 검색은 "서울에서 부산까지 가는 경로에 있는 주유소 검색"과 같은 질문에 대해 답을 찾아줍니다. 경로 주변 검색은 주변 검색의 확장된 버전이라고 생각하면 됩니다.

이외에도 많은 공간 검색의 예가 있지만, 우선은 위에서 언급한 세 가지 검색 기술을 살펴보도록 하겠습니다. 조금 어렵지만 이러한 개념이 있다는 정도로 이해하면 될 것 같습니다.

공간 검색에서 검색의 대상이 되는 것은 크게 점(POI, point of interest), 선(polyline), 영역(polygon)으로 나뉩니다. 공간 검색을 위해서는 텍스트 기법 검색에서 B+트리나 해시 등의 인덱스 기법이 사용된 것과 비슷하게 R트리(RTree), 사분트리(QT, QuadTree), 그리드(Grid) 등과 같은 공간 검색 인덱스를 이용하여 검색 대상이 되는 점, 선, 면을 색인합니다.

R트리는 찾고자 하는 객체(점, 선, 면)를 둘러싸는 최소 크기 상자(MBR, minimum bound rectangle)들을 이용하여 표현합니다. 그리고 이 상자 즉, MBR들을 묶어 하나의 노드로 관리합니다. 당연히 하나의 노드도 MBR 을 갖고 있으며, 이는 공간 검색에 이용됩니다.

검색을 할 때는 찾고자 하는 영역(내 주변 2km 이내라고 하면 반지름이 2km인 원에 외접하는 사각형)과 겹치거나 포함되는 MBR들을 찾게 됩니다. 이때 B+트리에서 봤던 것과 같이 뿌리 노드의 MBR부터 시작하여 질의 MBR과 겹치는 노드를 찾아 객체 후보를 구하고 실제 객체와 주어진 질 의 사이의 포함 관계를 계산하여 검색 결과를 결정하게 됩니다.

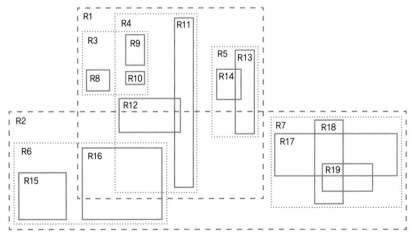

R트리

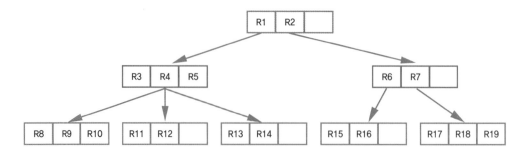

R트리

다음은 사분트리입니다. 사분트리의 기본 원리는 주어진 영역을 같은 크기의 사각형으로 4등분 하는 데 있습니다. 아래 그림에서 보는 것처럼 동일 영역으로 나뉜 사각형의 가장 작은 칸(leaf node, 말단 노드)에 각 객체를 할당하게 됩니다. 일정 영역 내에 객체를 찾을 때 말단 노드와 질문의 영역이 겹치는 부분을 찾아 결과를 제공하면 되는 구조로 되어 있습니다. 맨 아래쪽 두 그림은 전통적인 사분트리가 레벨(트리에서 높이)이 높아지면 하위에 생기는 노드 개수가 4배씩 증가하는 단점을 개선한 것으로, 객체가 있는 영역에 한하여 4분할을 수행하는 방식으로 기존 방식에 비해 빠른 성능을 보여줍니다.

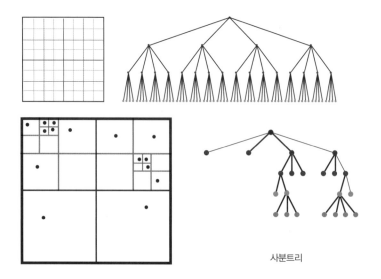

사분트리

R트리나 사분트리에 비해 그리드 인덱스는 사분트리와 비슷하게 영역을 균등하게 나누는 방법입니다. 그러나 사분트리가 영역을 4등분 하는 것과는 다르게 그리드는 일정한 간격으로 영역을 동일하게 나눕니다. 이처럼 영역을 일정한 크기로 나누면 R트리나 사분트리에서와 같이 트리를 구성하고 관리하는 비용을 줄이므로 쉽고 빠르게 구현할 수 있습니다. 하지만 동일 영역의 크기로 나누기 때문에 객체가 많은 지역(grid cell)과 적은 지역 사이에 불균형이 발생할 수 있습니다.

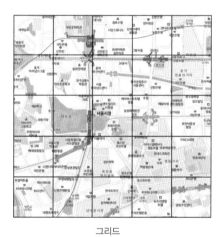

그리드

경로 주변 검색

이번에는 공간 검색의 여러 예 중에서 경로 주변 검색에 대해 이야기 해 보도록 하죠. 다음 페이지의 그림과 같은 도로와(도로의 연결점과 교차점은 작은 마름모◆,◆로 표시) POI(◉)가 있다고 할 때 보라색으로 표시된 경로 주변의 POI를 검색하는 것이 경로 주변 검색의 개념입니다. 이때 가장 쉽게 검색하는 방법은 경로 위의 보간점에서 거리 d만큼 떨어진 원을 그려 해당 원 안에 포함된 POI를 검색 결과로 제공하는 것입니다. 그러나 이렇게 할 경우 가운데 그림의 빨간색 POI(◉)와 같이 검색에서 누락되는 POI가 발생합니다. 이런 단점을 극복하기 위해 마지막 그림과 같이 경로

선을 포함하는 일정 거리의 영역을 모두 검색하는 방법(sweep search 또는
buffered search)도 연구되었습니다.

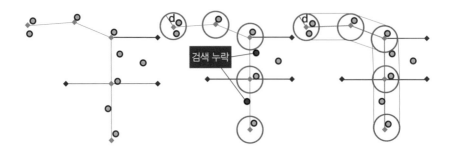

경로 주변 검색

검색 엔진이 여러 가지 기법을 통하여 검색 결과를 제공해주지만, 실제
사용자가 질문할 때 사용한 의미와 검색 결과로 나오는 의미가 다를 때
도 있습니다.

예를 들어 서울시 강남구에 있는 신사동을 찾는다고 합시다. 현재 서
울시에 신사동이 몇 개가 있다고 생각하나요? 신사동, 하면 강남에 있는
신사동이라고요? 그렇지만 은평구에도 신사동이 있고, 관악구에도 신사
동이 있습니다. 강남에 있는 신사동을 찾고 싶어서 신사동으로 입력했을
때 어떤 신사동을 먼저 보여주는 것이 맞을까요? 사람들이 많이 찾은 신
사동을 찾아주는 것이 옳을까요, 아니면 내가 많이 검색한 지역(강남구,
관악구, 은평구)의 신사동을 먼저 보여주는 것이 바람직할까요?

이렇게 사용자가 입력한 결과에 대해 사용자의 행동 양식을 파악하여
검색 결과를 제공하는 검색기법이 있습니다. '사용자 특성(user profile) 기
반 검색'입니다. 사용자가 검색하고 나서 찾는 검색 결과의 선호도를 조
사하여 비슷한 경우의 결과가 나올 때 더 선호하는 결과를 제공하는 방
법이지요.

그런데 이런 사용자의 성향이나 특성을 분석하는 일들이 과연 좋은 결과만 제공할까요? 영화 〈이글 아이〉나, 조지 오웰(George Orwell)의 소설 『1984』의 빅 브라더*와 같이 내가 어디서 무엇을 하고 어떤 행동을 하는지 다른 사람이 모두 알게 된다면 정말 섬뜩하겠죠? 그래서 개인정보는 소중히 다뤄야 합니다.

지금까지 인터넷 기술이 발전하면서 함께 발전해온 다양한 검색기법을 소개했습니다. 인터넷에서 문서, 이미지, 동영상, 음악 등을 빠르게 검색할 수 있는 검색기법의 원리와 내비게이션에서 사용되는 공간 검색기법도 알아보았죠.

검색의 핵심은 인덱스 작업입니다. 구분하여 나누고 규칙에 따라 정렬해서 단순화시키는 일이죠. 여기에 사용자 편의와 성향, 선호도를 분석하여 결과를 제공하는 기술이 더해졌습니다.

어떠세요? 너무 어려웠나요? 검색은 원하는 정보를 찾는 것입니다. 이를 활용해 또 다른 지식으로 응용하는 것은 사용자인 여러분의 몫일 것입니다.

● 빅브라더
정보 독점으로 사회를 통제하는 권력, 또는 그러한 사회체계를 뜻한다.

김연중 | 전북대학교 컴퓨터공학과에서 학부를 마치고 박사 과정을 수료했다. 현재는 팅크웨어 수석연구원으로 재직하며 시공간 데이터를 위한 검색 엔진을 개발하고 있다. 최근 정보공학에 대한 연구를 진행하고 있으며, 우리 주변에 있는 데이터들이 갖고 있는 의미를 쉽게 찾을 수 있는 방법에 대해 고민하고 있다. 과학이 신비하고 어렵기만 한 것이 아니라 쉽고 재미있으며 우리 주위에 친숙한 모습으로 존재한다는 것을 청소년들에게 널리 알리고 싶다.

사회적인 성공에도 불구하고 개인적인 이익만을 추구하지 않고, 후학 양성에 힘쓰고 그늘진 곳을 보듬고 가진 것을 베푼 명예의 전당 과학자들의 모습은 욕심이 지나친 현대 우리 사회에 시사하는 바가 큽니다. 고정된 시각에서 벗어나 세상을 향한 새로운 도전을 즐겼던 이분들의 삶이 우리가 가야 할 방향을 명확히 제시해줍니다.

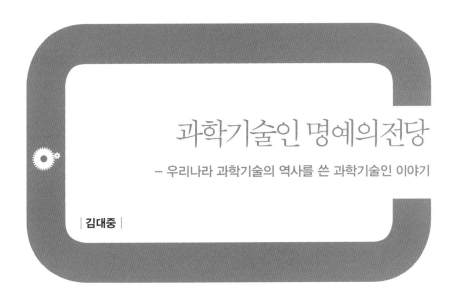

과학기술인 명예의전당

– 우리나라 과학기술의 역사를 쓴 과학기술인 이야기

| 김대중 |

■　　언제부터인가 아이들의 장래희망 리스트에서 '과학자'를 찾기가 쉽지 않아졌습니다. 밤하늘의 별과 같이 화려하거나 소득이 높고 안정된 직업에만 관심을 갖는 것은 아닌가 하는 걱정도 듭니다. 아이들이 과학자의 꿈을 꾸려면 책이나 방송 등의 다양한 매체를 통해 귀감이 될 누군가의 모습을 보고 관심이 생겨야 할 텐데 현실은 그렇지 못하죠. 또 우리나라 과학기술의 역사에 대해 무지한 것도 사실입니다. '우리나라의 과학자는 누가 있을까요?' 하고 질문하면 많은 사람이 쉽게 이름을 꺼내지 못합니다. 자, 여기에서는 우리나라 과학을 이끌어온 과학계의 큰 어른들을 소개해볼까 합니다.

우리나라 과학기술인 명예의 전당

우리나라에 과학기술인을 위한 명예의 전당이 있다는 사실 아세요? 사실 명예의 전당은 주로 스포츠 분야에서 쓰이는데 그중 야구가 가장 유명합니다. 미국의 메이저리그나 각국의 프로야구에서 뛰어난 활약을 보이거나 야구의 발전에 기여한 야구인들을 기리기 위해 명예의 전당에 올리는 것이죠. 또 해당 선수의 등번호를 다른 선수에게 주지 않는 영구결번 처리를 함으로써 오랫동안 선수를 기억할 수 있게 하기도 합니다.

이와 마찬가지로 '과학기술인 명예의전당'은 오늘날 우리나라 과학기술 발전에 공헌한 분들을 찾아 이를 국민에게 알리는 하나의 통로입니다. 스포츠뿐 아니라 과학기술인에게도 이런 명예가 주어진다니 조금 생소하게 느껴지지요? 이제부터 여러분과 함께 '과학기술인 명예의전당'에 오른 31명의 과학자는 누구인지, 명예의 전당에 오른 과학자는 어떻게 선정되는지, 그들은 어떤 업적을 이루었는지 함께 살펴보겠습니다.

과학기술인 명예의전당 선정 자격

'과학기술인 명예의전당'은 우리나라 과학기술 발전을 도모하는 미래창조과학부의 지원으로, 산하기관인 한국과학기술한림원에서 심사를 거쳐 선정합니다. 맛집 하나를 선정할 때도 식당의 인지도, 음식의 역사, 맛, 서비스, 분위기 등 다양한 기준을 살펴보며 정하는데 과학기술은 더 엄격하고 상세한 기준을 통해 선정해야겠지요. 우선 다음과 같은 세 가지 기본자격을 갖추어야 합니다.

과학기술인 명예의전당 홈페이지(www.kast.or.kr/HALL)

• 역사적 정통성을 지닌 우리나라 과학기술 선현 또는 대한민국 국적을 보유한 과학기술인

- 탁월한 과학기술 업적으로 국가발전 및 국민복지 향상에 기여한 자
- 모든 과학기술인들의 귀감이 되고 국민들의 존경을 받을 만한 훌륭한 인품을 갖춘 인물

너무나 당연한 것 같지만 사실 이 세 가지를 충족한다는 것은 쉽지 않습니다. 우선 우리나라에서 태어나 과학자가 되는 것도 만만치 않은 일인데 여기에 성과도 인정받으면서 모든 사람이 존경할 만한 인품까지 갖춰야 하니까요. 이 정도면 위인전에 나올 법한 정도여야 가능하지 않을까요? 마치 학교에서 학생회장을 맡고 있는데 성적은 전교 1등에, 운동도 잘해서 축구부 주장을 할 정도에다, 방과 후에는 봉사활동에도 빠진 적 없고, 집에 가면 효자라는 소리를 듣는 경우처럼 말입니다. 공부를 잘해서 위대한 업적을 세우기까지는 가능할지 모르겠으나 세상과 다른 사람에게 관심을 갖고 문제 해결에 노력하지 않는다면 명예의 전당에 헌정될 수 없습니다. 이렇게 인물에 대한 자격을 확인하고 나면 그다음엔 다음과 같이 세 가지 기준에 따라 업적을 심사합니다.

과학기술인 명예의전당 헌정 심사 - 업적 기준
1. 과학기술 분야의 업적
2. 원칙적으로 국내에서 이룩한 업적을 대상으로 하되, 역사적으로 검증되었거나 국제적으로 공인된 업적
3. 국가과학기술 발전에 기여한 종합적인 업적

먼저 과학기술 분야에서 세상에 긍정적인 변화를 일으킬 만큼 훌륭한 업적이 있어야 합니다. 또한 그 업적이 우리나라에도 크게 이바지한 과학자이면서 국제적으로 인정받은 공인된 과학자여야 합니다. 마지막으로 그

업적이 개인과 시장의 영역을 넘어 국가 과학기술 발전에 종합적으로 기여했는지를 봅니다. 이번 기회에 우리에게는 조금 낯선 분도 있지만, 세계적인 석학 반열에 오른 우리나라 과학자들을 알아보겠습니다.

과학기술인 명예의전당에 오를 수 있는 과학 분야

먼저 과학기술 분야의 업적으로 인정받을 수 있는 분야에는 어떤 것이 있을까요? 과학기술인 명예의전당에서는 기본적으로 네 분야의 학문이 인정됩니다. 자연과학(이학)으로는 화학과 생물학 등, 공학으로는 전자·전기·기계 등, 그리고 농수산학과 의약학입니다.

현재까지 헌정된 과학기술인 31명의 정보를 보면 자연과학 분야의 과학자가 11명으로 가장 많은 비중을 차지하며, 공학 6명, 농수산학과 의약학에 5명, 그리고 우리나라 국민이면 누구나 인정할 선현 4명이었습니다.

시대별로 보면 근세 전기(고려시대~조선 중기) 6명, 근세 후기(조선 중기~근대) 5명, 근대 7명, 현대 전기 9명, 현대 후기 4명입니다. 만일 여러분이 과학자가 되어 명예의전당에 오른다면 현대 후기에 속하겠지요?

누가 선정되었나?

명예의전당에 오른 31명이 모두 훌륭하지만 그중 특별한 점이 있는 분을 짚어볼까 합니다. 대부분 국내 최초나 세계 최초 타이틀을 단 과학자가 많아 모두가 특별하지만 그중에서도 좀 색다른 면이 눈에 띄는 몇 분을 소개하겠습니다.

먼저 최무선(崔茂宣, 1325~1395) 장군입니다. 화약 제조로 이미 여러분도 잘 알고 있는 유명한 분이죠. 10월이 되면 각지에서 불꽃축제가 많이 열립니다. 최무선 장군의 화약 제조법 개발이 축제의 시발점이라고 하면 너무 비약일까요? 이분은 유일하게 고려시대 인물이어서 선택했습니다.

실제 과학기술인들이 활약한 시대는 조선시대인데 최무선 장군은 그보다 앞선 고려시대에 뛰어난 업적을 이루었기 때문에 소개합니다.

둘째로 드라마로도 소개된 바 있는 장영실(蔣英實, 1390~1450) 선생입니다. 명예의전당에 오른 과학기술인 중 유일하게 천민 출신이었으나 과학적인 업적을 통해 후손들에게까지 인정받았습니다.

최무선

셋째로 세종대왕(1397~1450)을 꼽을 수 있습니다. 세종대왕은 출신 계급과 상관없이 능력을 인정하여 면천(免賤)까지 시키며 훌륭한 인재를 발탁했습니다. 장영실 선생도 세종대왕이 발탁한 인재 중 한 사람이었지요. 당시는 매우 철저한 계급사회였기 때문에 왕의 뜻이라 할지라도 반발이 굉장히 심했습니다. 왕이 무슨 과학기술인이냐고 할지 모르겠습니다. 하지만 그의 과학기술에 대한 지식과 관심, 지원이 없었다면 과학적 원리로 만들어진 한글도 이 세상에 없었을지 모르지요.

장영실

넷째로 김점동(金點童, 1876~1910) 박사입니다. 박에스더라는 이름으로도 잘 알려져 있죠. 유일한 여성이라 선택을 했는데 성과 이름이 아예 다른 점이 이상하지요? 당시 신여성들 사이에서는 상대적으로 평등하게 보인 서구 여성의 지위를 동경하여 결혼 후 남편 성을 따르는 것이 한동안 유행했기 때문입니다. 에스더는 세례명이었지요. 사회·문화적으로 여성의 사회 진출이 늦었기 때문에 어쩔 수 없는 현상이지

김점동

만 앞으로는 과학기술 분야뿐 아니라 모든 분야에서 여성들이 활약하기를 기대해봅니다. 김점동 박사는 우리나라 최초의 여의사이기도 한데 당

나귀를 타고 진료하러 다녔다는 유명한 일화도 있습니다. 연간 수천 명의 환자를 휴일도 없이 돌보는 등 무리를 한 탓인지 30대의 이른 나이에 돌아가셨지요. 그래서인지 많은 사람이 김점동 박사를 모른다는 것이 매우 안타깝습니다.

이호왕

마지막으로 이호왕(李鎬汪, 1928~) 박사입니다. 이유는 유일하게 살아계신 분이기 때문입니다. 얼마 전 테레사 수녀의 성인 추대에서도 알 수 있지만, 생전에 업적을 인정받기란 쉽지 않습니다. 이호왕 박사는 세계 최초로 한탄(漢灘) 바이러스를 발견하고 유행성출혈열 예방 백신과 진단법 등을 개발했습니다. 그 외에도 의학 연구와 후진 양성에 기여한 공이 인정되어 2003년에 헌정되었습니다.

어떤 과학자가 더 있을지 궁금해지나요? 자! 그럼 본격적으로 과학기술인 명예의전당에 헌정된 분들을 모두 살펴보겠습니다.

한국을 빛낸 과학계 위인들

제가 고등학생 시절 노래방이 처음 생겼습니다. 당시에 노래방은 시간제가 아니라 500원짜리 동전을 넣고 한 곡씩 부르는 방식이라 될 수 있으면 긴 노래를 부르곤 했습니다. 그래서 마지막엔 보통 엄청 긴 노래를 함께 부르며 아쉬움을 달랬는데 〈한국을 빛낸 100명의 위인들〉이 인기가 많았지요. 100명의 이름을 다 부르려면 시간이 꽤 걸렸으니까요. 노래를 부를 때는 몰랐는데 이 글을 쓰면서 문득 이런 생각이 들었습니다. '100명의 위인 중 과학기술인은 누가 있을까?' 그래서 한번 확인해봤습니다.

과학기술의 기본은 확인과 검증이죠. 제일 처음엔 역시 '화포 최무선'이 등장합니다. 그다음엔 '과학 장영실', 그리고 조선 '세종대왕'이 포함되네요. 이어서 '지도 김정호'가 등장하고 '종두 지석영' 선생이 등장합니다. 그리고 아쉽게도 그 이후에는 과학기술인이 등장하지 않습니다.

이 중 지석영 선생은 우리나라 천연두 치료와 독립운동으로 헌정될 만한 삶을 사셨던 분입니다. 〈한국을 빛낸 100명의 위인들〉에 이름이 실리기는 했지만 지석영 선생이 어떤 업적을 이루었는지는 잘 알려지지 않아 안타깝기만 합니다. 이번 기회를 통해 우리나라 과학기술 역사를 좀더 찾아보고 여러분들이 직접 나만의 〈한국을 빛낸 과학계 위인들〉의 가사를 완성해보는 것은 어떨까요?

명예의전당에 오르는 과학자가 갖추어야 할 소양

31명 중에 가장 큰 비중을 차지한 분야는 천문학입니다. 여기에는 천문역산가 서호수(徐浩修, 1736~1799), 자주적 역법을 이룩한 천문학자 이순지(李純之, 1406~1465), 천문기상학을 개척한 우리나라 최초의 이학박사 이원철(李源喆, 1896~1963), 천문·인쇄·군사 분야에서 활약한 과학기술자 이천(李蕆, 1376~1451), 새로운 우주관을 제시한 조선 후기 과학사상가 홍대용(洪大容, 1731~1783) 선생이 올라와 있습니다.

왜 천문학자가 명예의전당에 많이 올랐을까 궁금해서 한 천문학 박사님께 여쭤 보았더니 아무래도 천문학이 가장 오래된 학문이라 상대적으

서호수   이순지   이원철   이천   홍대용

로 오랫동안 연구해왔기 때문일 거라고 하시더군요. 과거 나침반이 없을 때, 특히 배를 타는 사람들은 천문학의 도움 없이 방향을 잡을 수 없었으니 그 중요함은 지금과는 사뭇 다를 겁니다.

특히 '지동설' 하면 우리는 코페르니쿠스(Copernicus, Nicolaus, 1473~1543)만 떠올리는 경우가 많은데 약 200년 후에 우리나라의 홍대용 선생도 지동설을 주장했다는 것도 기억해두세요.

장기려

명예의전당에 오르려면 업적만으로는 안 됩니다. 그걸 가장 확실하게 보여주는 분이 바로 장기려(張起呂, 1911~1995) 박사입니다. 우리나라 최초로 간(肝) 대량 절제수술을 시도하여 성공하고, 고신대학교 복음병원 등 많은 병원을 설립하는 데 기여한 우리나라 의학계의 선구자입니다. 의사라는 직업을 선택할 때 약속한, '어려운 이웃을 돕겠다'라는 자신의 소명을 지키기 위해 의술뿐 아니라 의료 인재 양성을 위해 의과대학과 간호대학에서 후학을 양성하기도 했습니다. 그뿐 아니라 돈이 없어 병원에 가지 못하는 상황을 안타깝게 여기고 우리나라에 의료보험이 생기기도 전인 1968년에 '청십자의료보험조합'을 창설하여 약 20만 명의 사람들이 도움을 받도록 했습니다. 돈 없는 환자를 밤에 병원 직원 몰래 도망가게 해주거나, 처방전에 "이 환자는 약보다 영양을 챙겨야 하니 닭 두 마리 값을 내 월급에서 내주시오"라고 처방한 사례는 미담으로 전해져 오고 있습니다. 또한 설립한 병원을 후손이 아닌 후학들에게 물려주고, 상으로 받은 상금까지 의료활동에 후원하는 등 무소유의 삶을 실천했습니다. 삶의 발자취를 살펴볼 때 과학기술인으로서의 전문성뿐 아니라 후학 양성과 세상의 어려움을 두루 살핀 인품까지, 삼박자를 모두 갖춰야만 명예의전당에 헌정이 가능하다는 것을 알 수 있습니다.

현대 양학의술의 선구자인 장기려 박사와 더불어 우리나라 최초의 의학자면서 병리학을 탄생시킨 윤일선 박사도 있습니다. 한의학에선 허준(許浚, 1539~1615) 선생을 빼놓을 수 없죠. 서울 등촌동에는 '허준박물관'이 있습니다. 저는 그곳을 지날 때마다 과거와 현재가 마주친다는 느낌을 받습니다. 그의 저서인『동의보감東醫寶鑑』은 당시 일상생활에서 중요했던 출산, 응급과 감염병에 관한 내용을 핵심적으로 다루어 의학의 대중화에 기여했습니다. 허준 선생의 삶 역시 드라마로 제작될 만큼 흥미진진하기도 했지요.

허준

장기려 박사의 사례에서 보듯이 1970년대까지도 우리나라는 가난한 나라에 속했습니다. 영화 〈국제시장〉에 나온 것처럼 독일에 광부와 간호사를 파견 보내서 국가가 돈을 빌려오거나 미얀마나 아르헨티나에 가사도우미로 이민을 갈 정도였지요. 봄이 되면 지금은 단어조차 듣기 힘든 '보릿고개'가 있었습니다. 그만큼 식량이 귀한 시절이었죠. 그러다 보니 쌀밥을 배불리 먹는 것이 소원일 정도였고, 국가도 정책적으로 쌀을 수입하지 않고 자급하는 것이 목표가 되었습니다. 이때 쌀

허문회

의 생산성을 높이는 데 공헌한 학자가 허문회(許文會, 1927~2010) 박사입니다. 허문회 박사가 '통일벼'를 개발하기 전까지는 절미운동의 일환으로 쌀에 잡곡을 섞어 먹는 잡곡혼식을 장려하는 운동을 펼치기도 했고, 분식장려운동을 추진하여 국수가 유행하기도 했습니다. 쥐가 쌀을 먹어치우니 대대적인 쥐 잡기 운동도 벌여서 학생들이 쥐를 잡아 쥐꼬리를 학교에 가져가면 상을 주기도 하고, 심지어 도시락에 쌀만 있는 밥을 싸오면 성적에 불이익을 주기도 하던 시절이었습니다. 이런 시절에 허문회 박사의 통일벼는 부족한 식량을 자급하는 데 큰 공헌을 했죠. 여담이지만 통일벼로 쌀 자급은 가능해졌으나 맛이 없어서 초기엔 힘들었다고 하네요.

| 최형섭 | 김재근 | 한만춘 | 정약전 | 석주명 |

    명예의전당에 오른 과학자 중에선 우리나라 최초 타이틀을 가진 개척자가 많습니다. 과학기술처장관만 7년 넘게 재임했던 최형섭(崔亨燮, 1920~2004) 박사는 한국과학재단, 한국과학기술연구소 등 각종 단체를 설립했고 지금의 대덕단지 건설에 기여했습니다. 대외적으로는 UN 과학기술개발자문위원으로 활동하기도 했지요. 우리나라를 오늘날의 조선(造船) 강국으로 발전시킨 데에는 조선공학의 개척자 김재근(金在瑾, 1920~1999) 박사가 있습니다. 우리나라 전기공학과 전력산업 근대화를 주도한 한만춘(韓萬春, 1921~1984) 박사는 우리나라 최초 아날로그 컴퓨터인 '연세101'를 설계·제작하여 현재 문화재로 등록되어 있기도 합니다.

    우리나라의 수산학 및 해양생물학을 태동시킨 학자로는 정약전(丁若銓, 1758~1816) 선생과 그의 대표 저서인 『자산어보茲山魚譜』도 빼놓을 수 없지요. 흑산도에 유배가 있는 동안 해양생물에 관해 기록하여 이와 같은 업적을 남겼습니다. 어쩌면 가장 절망적일 때 바닥을 치고 다시 올라갈 수 있는 것이 인생 아닐까요? 해양생물학에 정약전 선생이 있었다면 곤충으로는 나비 연구로 유명한 생물학자 석주명(石宙明, 1908~1950) 박사가 있습니다.

    화학계에선 이론적 성장에 기여한 이태규(李泰圭, 1902~1992) 박사와 산업기술과 공업의 기초를 다진 안동혁(安東赫, 1906 ~ 2004) 박사, 실학의

| 이태규 | 안동혁 | 김동일 | 김순경 |

| 조순탁 | 조백현 | 현신규 | 우장춘 |

전통을 계승한 산학협동의 선구자 김동일(金東一, 1908~1998) 박사, 우리 나라 화학교육과 연구의 기초를 다진 김순경(金舜敬, 1920~2003) 박사가 있습니다. 물리학계를 개척한 조순탁(趙淳卓, 1925~1996) 박사, 농업의 과 학화와 현대화에 앞장섰던 조백현(趙伯顯, 1900~1994) 박사, 우리 국토를 푸르게 가꾸는 데 일생을 바친 현신규(玄信圭, 1911~1986) 박사, 종의 합성 을 입증하고 채소 종자의 자급을 실현하여 '씨 없는 수박' 개발로 유명한 우장춘(禹長春, 1898~1959) 박사가 과학기술인 명예의전당에 헌정되어 있 습니다.

해외에서 더 유명한 우리나라 과학기술인

마지막으로 해외에서 더 인정받는 우리나라 과학기술인을 이야기해보려 합니다. 도포 입고 상투 틀던 조선시대에 조합수학의 창시자 레온하르

최석정

이임학

트 오일러(Leonhard Euler, 1707~1783)를 앞지른 최석정(崔錫鼎, 1646~1715) 선생도 계시다는 사실에 놀랐습니다.

근대에 와서 우리나라 수학을 정립한 이임학(李林學, 1922~2005) 박사는 그의 이름을 딴 '리군(Ree groups) 이론'으로 세계 수학사에 한 획을 그었습니다. 그에겐 마치 영화 같은 이야기가 있는데 1947년 남대문시장을 지나가다가 우연히 쓰레기더미에서 미국의 수학회지인 〈Bulletin of American Mathematical Society〉를 발견했는데 거기에 당시 세계적 수학자였던 독일의 막스 초른(Max Zorn)의 논문이 실려 있었다고 해요. 이임학 박사는 논문에서 "모르겠다"라고 밝힌 부분을 풀어 잡지의 편집인에게 편지를 보냈는데 이것이 논문으로 발표되어 한국인 최초로 해외 저명학술지에 실린 논문으로 기록됩니다.

2015년 미래창조과학부에서는 광복 70주년을 기념해 '과학기술 대표 성과 70선'을 발표했습니다. 그중에 이임학 박사도 소개되었지요. 하지만 미국에서 교수로 지내던 시기에 학술 행사차 북한을 방문했다는 이유로 이승만정부는 그의 국적을 박탈했습니다. 그리고 그 후 40년간 귀국을 금지당했다는 사실은 그다지 알려지지 않았습니다. 업적만 필요에 따라 알린 거지요. 가능하면 헌정 업적만 편의로 기록할 것이 아니라 있었던 사실을 모두 다루어 그 인물을 제대로 이해할 수 있도록 해야 할 것입니다.

소립자 물리학 분야에서 세계 정상급의 이론가인 이휘소(李輝昭, 1935~1977) 박사의 삶은 소설처럼 역동적입니다. 여러분 중에 김진명 작가의 『무궁화 꽃이 피었습니다』라는 소설을 읽어본 사람이 있나요? 이 소설은 이휘소 박사를 모델로 썼다고 하는데 실제로는 오히려 정부와 이견으로 대립하는 관계였다고 합니다. 소설 내용처럼 핵무기를 개발하는 일은 없었고 그의 연구와도 맞지 않았다고 합니다. 하지만 독자들이 너무 소설 내용을 믿는 바람에 유가족들이 작가에게 항의하기도 했다고 합니다. 이휘소 박사가 미국에서 생전에 연구하던 '힉스(Higgs) 입자' 등 소립자 물리학의 연구업적을 토대로 지금까지 7명의 과학자가

이휘소

노벨물리학상을 받았습니다. 많은 사람이 "아마 일찍 돌아가시지 않고 연구를 계속했다면 한국인 최초로 노벨상을 받지 않으셨을까?"라고 입을 모읍니다.

31명에 대해 간단하게 이야기했음에도 꽤 많은 내용을 다루게 되었네요. 과거를 보면 현재가 보이고, 미래를 예측할 수 있습니다. 이분들이 앞장서서 문을 열고 길을 터주지 않았다면 지금과 같이 건강한 삶을 누리기까지 더 긴 시간이 걸렸을지도 모릅니다. 사회적인 성공에도 불구하고 개인적인 이익만을 추구하지 않고, 후학 양성에 힘쓰고 그늘진 곳을 보듬고 가진 것을 베푼 명예의전당 과학자들의 모습은 현대사회를 살고 있는 우리에게 시사하는 바가 큽니다. 고정된 시각에서 벗어나 세상을 향한 새로운 도전을 즐겼던 이분들의 삶이 우리가 가야 할 방향을 명확히 제시해줍니다.

자! 그러면 다음 과학기술인 명예의전당에 헌정될 다음 사람은 누구일까요? 가까운 미래에는 바로 여러분이 이어갈 수 있기를 소망해봅니다.

김대중 | 성산장기려기념사업회 사무국장. '월드프렌즈 코이카(KOICA) 봉사단'으로 탄자니아에서 2년간 아프리카 청년들에게 컴퓨터를 교육하고 돌아왔다. 코이카 봉사단으로 활동하면서 더 나은 세상을 만들어가는 데 도움이 되고 싶어 경희대 공공대학원에서 글로벌 거버넌스(Global Governance)를 전공하고 현장에서 활용하려 노력 중이다. 청년들의 해외 진출을 돕는 'K–Move' 사업의 해외봉사 및 취업 멘토로 활동하며 청소년과 청년들에게 활동 경험과 지식을 공유하고 있다.

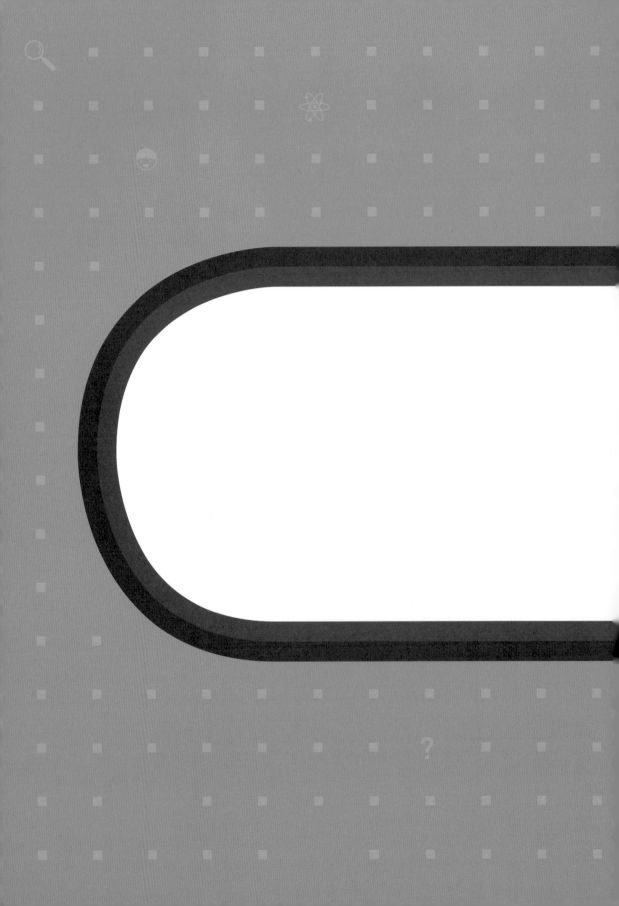

콩닥콩닥 만나기

|과학자들의 카페|

평생 한 번 받기도 어려운 노벨상은 몇십 년을 기다려야 받을 수 있습니다. 하지만 어떤 과학자는 두 번이나 받기도 했습니다. 무엇인가 한 분야를 평생 연구한다는 것은 지난한 일입니다. 노벨상을 받는 것은 과학에 대한 열정만으로 가능한 것도 아니고요. 그래도 여러분 중에 과학자가 꿈인 분이 있다면 도전해볼 만한 명예가 아닐까요?

노벨상을
받기까지

|꿈꾸는과학|

■　　노벨상은 누구나 한 번쯤 들어보았을 것입니다. 과학을 전공하는 사람뿐 아니라 과학 과목을 싫어하는 사람도 노벨상을 알고 있지요. 과학자들에겐 최고 영예의 상이기 때문이지요. 하지만 그 최고의 영예만큼 받기도 어렵고 시간도 오래 걸리는 것으로도 유명하죠. 뛰어난 과학적 업적에도 불구하고 오랜 시간을 기다려서야 수상한 사람도 있고, 평생 한 번의 영예가 주어질까 말까 한 상을 두 번이나 받은 과학자도 있답니다. 지금부터 노벨상을 받은 과학자 이야기를 하려고 합니다.

노벨상 제정에 관한 이야기들

이 상은 누가 만든 상인지 아시나요? 노벨상은 스웨덴에서 태어난 발명가이자 화학자인 알프레드 베른하르트 노벨(Alfred Bernhard Nobel, 1833~1896)이 제정한 상입니다. 노벨이 직접 제정한 것으로는 생리의학상,

노벨

화학상, 물리학상, 문학상, 평화상이 있습니다. 그리고 스웨덴 중앙은행이 은행 설립 300주년 기념으로 '알프레드 노벨 기념 스웨덴 은행 경제학상'을 만들었습니다. 그래서 그런지 다른 상들은 1901년부터 시상을 해왔지만, 경제학상은 1969년부터 시상을 하게 되었지요.

노벨은 대체 누구기에 이런 상을 만들 수 있었던 걸까요? 각각 노벨상의 상금은 110만 달러로 한국 돈으로 11억을 가뿐히 넘깁니다. 이 돈이 어디서 나오기에 계속 상을 주는 걸까요? 쉽고 간단하게 말하자면 노벨은 부자였습니다. 그는 현재 우리가 다이너마이트라고 부르는 화약을 만들어 큰돈을 벌었습니다. 말년에 그때까지 번 돈의 37%를 제외한 나머지 돈을 스톡홀름 학술원에 기증하였는데요, 여기서 나오는 이자로 포상금을 줄 수 있게 된 거죠. 대략 2억 달러, 한국 돈으로 2,000억 원 정도가 노벨상 기금이 되었으니 이자로 포상금을 충분히 줄 수 있습니다.

그렇다면 왜 그렇게 많은 돈을 기증하여 노벨상을 만든 걸까요? 많은 사람들은 이렇게 알고 있을 것입니다. "다이너마이트는 탄광의 굴을 파는 일에 쓰이다가 무기로 이용하게 되었는데 사람들의 편의를 위해 만든 것이 실제로는 전쟁에 이용된 것에 대한 죄책감을 씻고자 노벨상을 제정한 것", 또는 "형제인 루드비그 노벨이 사망하자, 이를 알프레드 노벨의 죽음으로 착각한 신문사가 부고 소식을 전하며 그를 '죽음의 상인'이라고 칭한 것을 보고 놀라 속죄하려는 마음으로 제정한 것"이라고요. 그럴듯한 이야기들이지만 확실하진 않다고 합니다. 수학 부문 상이 없다는 것에 대해서도 노벨 부인의 불륜 상대가 수학자여서 만들지 않았다는 이야기가 있는데 평생 독신이었던 노벨에게는 있을 수 없는 이야기입니다. 단지 그의 관심사가 아니었다고 보는 게 맞을 거 같습니다. 따라서 노벨상

을 제정한 것도 본인의 관심과 가치관에
따라 만들게 된 것이 아닐까요? 훗날 더
많은 과학적 아이디어를 얻고 발명을 하
라는 뜻으로 말입니다.

마리 퀴리

　노벨이 1896년에 사망하고 노벨상 제
정에 대한 유언이 실행되어 노벨의 기일
인 1901년 12월 10일에 처음으로 노벨상
이 시상되었습니다. 당시만 해도 지금처
럼 명예로운 상이 아니었다고 합니다.

1903년에 노벨상을 받은, 퀴리 부인으로 잘 알려진 마리 퀴리(Marie Curie,
1859~1906)[*]는 이 상의 의미를 잘 모르겠다는 식으로 얘기했다고 합니다.
하지만 두 번째 상을 받을 땐 퀴리의 불륜 때문에 논란이 일자, '과학적
성과를 왜 사생활과 연결해 상을 주지 않으려 하는 것이냐'며 반발까지
했다는군요.

　자, 그럼 어떻게 수상자를 선정하는지 살펴볼까요? 먼저 여섯 부문에
서 한 부문 당 1,000명씩, 총 6,000여 명에게 후보자 추천을 받습니다. 그
다음 후보자를 약 100~250명으로 추립니다. 노벨위원회는 연구 성과를
검토한 뒤 수상자를 골라 각 부문 상의 수여기관에 추천서를 보내 11월
15일까지 최종 수상자를 결정합니다. 그리고 노벨의 기일인 12월 10일에
수상의 영예가 돌아갑니다. 2014년에는 세계적인 학술 정보 서비스사인
톰슨-로이터에서 9개국 27명의 노벨상 수상 후보자를 예측했는데요, 거
기에는 한국인 과학자 두 명도 포함되었습니다. 그래서 최초로 한국인이
노벨과학상을 타는 것이 아닌가 하는 기대감에 언론의 관심이 집중되었
죠. 하지만 안타깝게도 수상하지는 못했습니다. 물론 후보자로 지정된 것
만 해도 엄청난 과학적 업적을 달성한 것이겠지요.

● 마리 퀴리
폴란드 출신의 프랑스
과학자로 방사능 연구
에서 선구적인 업적을
남겼다.

막스 플랑크

버버라 매클린톡

노벨상을 받기까지 걸리는 어마어마한 시간

1897년 양자이론에 관한 논문을 쓴 막스 플랑크(Max Planck, 1858~1947)의 경우 노벨상을 받기까지 무려 20여 년을 기다려 1918년에 수상했답니다. 또한 아인슈타인(Albert Einstein, 1879~1955) 역시 17년을 기다린 후에야 노벨상을 받을 수 있었습니다.

이처럼 노벨상은 그 업적을 인정받기까지 시간이 매우 오래 걸립니다. 또 죽은 사람은 수상 후보자에서 제외하고 있어 노벨상을 받기까지 오랜 시간이 걸리다 보니 사망하는 과학자가 생겨나서 노벨상을 받는다는 것이 더 어려워지는 것이죠.

1970~80년대에는 논문을 발표하고 수상하기까지 평균적으로 약 10년이 소요되었습니다. 1983년에 노벨 생리의학상을 받은 버버라 매클린톡(Barbara McClintock, 1902~1992)은 무려 35년이 걸렸다고 합니다. 하지만 지금은 매클린톡처럼 젊을 때의 연구 결과로 60대 이후가 되어서야 수상하는 것이 당연한 추세가 되었습니다. 막스 플랑크와 아인슈타인이 노벨상을 받기까지 기다린 세월은 지금에 비하면 짧은 축에 속하지요.

앞으로 할 이야기는 과학적으로 엄청난 업적을 달성했지만, 시대를 초월한 발견이라 인정을 받지 못해 무려 35년이 지난 뒤에서야 노벨상을 받게 된 버버라 매클린톡의 연구와 삶에 관한 것입니다.

얼룩덜룩한 옥수수 속의 전이인자

노란 옥수수가 아닌 얼룩덜룩한 옥수수를 본 적이 있나요? 보라색인 거 같기도 하고 초록색인 거 같기도 한 그런 옥수수 말이에요. 이런 얼룩덜룩한 옥수수들이 샛노란 옥수수끼리 교배했을 때도 나타나야 합니다. 이런 현상이 나타나는 이유는 지금부터 소개하려는 전이인자(Transposon)● 때문입니다. 전이인자는 당시에는 굉장히 새롭고 기존의 개념과 반대되는 내용이라 인정한 사람이 아무도 없었다고 해요. 심지어 생물학자들조차 말입니다! 대부분 과학자들은 "말도 안 돼!", "그런 일은 있을 수가 없어!"라며 전이인자의 존재를 부정합니다. 그 탓에 전이인자를 발견한 버버라 매클릭톡은 이를 발견한 지 35년이 지나고 나서야 노벨상을 받게 됩니다. 대체 어떤 것이기에 이렇게 오랫동안 인정을 받지 못한 걸까요?

● 전이인자

세포 내에 있는 DNA 분자를 스스로 전이할 수 있는 특수한 구조의 DNA 단위.

완두콩으로 시작한 유전학

전이인자에 대한 설명을 시작하기 전에 유전학이 무엇인지, 어떻게 발전해왔는지 먼저 살펴보겠습니다. 유전학에 대해 쉽게 설명하자면, 부모님의 자녀인 '나'는 부모님과 닮은 부분이 많습니다. 뭉툭한 코에 쌍꺼풀이 없는 눈, 까무잡잡한 피부에 적당히 큰 키, 여드름 난 피부까지. 부모님에게 여러 특성을 물려 받습니다. 함께 있으면 "많이 닮았네"라는 이야기를 들을 정도로 부모님을 섞어놓은 모습이지요. 이런 상태를 처음 과학적 실험으로 증명한 사람이 멘델(Gregor Johann Mendel, 1822~1884)입니다. 멘델은 어떻게 이를 밝혀냈을까요?

멘델은 오스트리아 브르노에 있는 성 토마스 수도원의 성직자였습니다. 성직자가 과학적인 실험을 했다는 게 언뜻 이해가 안 갈 수도 있지요. 멘델은 학생 때 성적이 좋았던 똑똑한 학생이었습니다. 하지만 농사를 짓고 살았던 가난한 집안 형편 탓에 대학에 진학하지 못했죠. 당시 수도원장은 토마스 수도원을 학문 교류의 장으로 만들고자 노력하고 있었습니다. 그 시기에 토마스 수도원에서는 똑똑했던 멘델에게 수도원에 오는 게 어떻겠냐는 제안을 했습니다. 이를 받아들인 멘델은 수도원에 들어가게 되

멘델

었고 수도원에서 신학공부를 마쳤습니다. 멘델은 수도원에서도 똑똑함을 인정받아 당시로써는 29세라는 늦은 나이에 빈 대학으로 유학을 떠납니다. 그는 그곳에서 통계, 물리, 화학, 식물학 등을 공부하고 돌아왔습니다. 그 이후부터 본격적으로 완두콩을 연구하기 시작했죠.

어떤 사람들은 멘델이 수도원에서 심심해서, 또는 할 일이 없어서 완두콩을 키우기 시작한 것으로 알고 있지만, 그렇지 않습니다. 완두콩은 황색, 초록색이라는 점과 둥글고 쭈글쭈글하다는 특징이 확연히 보여서 연구하기에 알맞은 식물이었기 때문입니다. 멘델은 약 7년간 완두콩을 체계적인 방법에 따라, 하나하나 직접 수분시켜가며 분석했습니다. 오랜 연구 끝에 멘델은 독립의 법칙으로 '우열의 법칙', '분리의 법칙'을 알아냈습니다. 잘 아시다시피 우열의 법칙은 부모님이 각각 다른 특징을 물려줬을 때 둘 중 더 잘 발현되는 특징이 있다는 법칙입니다. 분리의 법칙은 부모님들도 각각 두 개의 특징을 갖고 있고, 우열의 법칙에 따라 하나만 발현이 되는데, 그 둘 중 하나의 특징만 유전된다는 법칙입니다. 이 법칙 또한 독특하고 신선한 것이라 시간이 꽤 지나서야 받아들여졌답니다. 그 이후에 유전인자를 가진 염색체의 존재에 대해서도 알게 되었습니다.

그렇다면 사람은 부모님을 반반 섞은 모습이 되어야 하는데 왜 다 다르게 생겼고 노란색 옥수수나 보라색 옥수수에서는 완전히 노란색 옥수수나 보라색 옥수수가 나와야 하는데 왜 얼룩덜룩한 옥수수가 나오는 걸까요? 그 이유를 찾아낸 이가 바로 버버라 매클린톡입니다. 전이인자의 역할을 알아낸 것이죠. 물론 전이인자 말고도 다른 이유도 있지만 전이인자가 한몫한다는 사실을 알아낸 것입니다.

버버라 매클린톡의 삶
그녀가 전이인자를 찾아내기까지의 과정을 살펴볼 때 부모님의 얘기를 빼놓을 수 없습니다. 그녀의 부모님은 남다른 교육철학을 갖고 있었습니다. 관습에 얽매인 삶은 자유로운 사고를 방해한다며 그녀를 자유분방하게 키운 것입니다. 매클린톡이 학교에서 선생님과 마음이 맞지 않자 학교를 보내지 않고 과외를 따로 시켰을 정도였습니다. 심지어 이웃집 아주머니가 매클린톡에게 여자답지 않다고 말한 것을 듣고는 곧바로 전화해서 "내 방식대로 아이를 키울 테니 내버려 두라"는 이야기까지 했답니다. 매클린톡은 고등학생이 되면서 과학에 흥미를 갖게 되었습니다. 그리고 그때 평생 과학의 길을 가야겠다는 결심을 하게 됩니다.

그녀의 과학에 대한 흥미는 대학에서도 빛을 발했습니다. 수강 신청한 수업이 마음에 들지 않으면 중간에 그만두고 수업에 나가지 않는 등 독특한 행동을 보였지만, 재미있고 즐기는 수업에서는 우수한 성적을 냈습니다. 특히 유전학에 관심을 두고 열심히 배웠습니다. 이에 깊은 인상을 받은 교수가 매클린톡에게 대학원 진학을 권유했고 그녀는 이를 받아들입니다. 그녀는 평소 관심이 많던 식물학과에 입학해 세포학을 전공하고 부전공으로 유전학과 동물학을 공부합니다. 그녀의 과학적 능력은 남들과 달랐습니다. 뛰어난 그녀의 능력을 스승조차 질투하여 관계가 틀어질 정도였지요. 그녀는 스물다섯 살이라는 젊은 나이에 박사 학위를 땁니다. 그리고 옥수수와 사랑에 빠지게 됩니다.

지금과 같이 당시에도 자손의 번식이 빠른 초파리가 유전학의 재료로 가장 널리 사용되고 있었고, 옥수수도 마찬가지였습니다. 그녀는 그중 옥수수 유전학을 창시한 롤린스 에머슨(Rollins Adams Emerson, 1873~1947)● 교수의 제자로 들어갔습니다. 교수의 지도 아래 다른 제자들과 함께 옥수수를 직접 재배하고 교배시키며 옥수수 연구에 몰두했지요. 그러던 중 염색체의 교차와 유전자

● 롤린스 에머슨
미국의 유전학자. 강낭콩 연구로 멘델의 법칙이 옳음을 증명하였고, 노년에는 주로 옥수수의 유전을 연구하였다.

롤린스 에머슨

의 관계를 알아보는 실험 자료를 바탕으로 6차 세계유전학 대회에서 에머슨 교수가 그녀의 연구를 소개하면서 그녀의 연구 업적이 알려지게 되었습니다. 그런데도 여성 교수에 대한 부정적 시각이 만연해 있던 시대라 강사직조차 얻기 힘들었습니다. 하지만 친한 동료들과 그녀의 능력 덕에 캘리포니아 공과대학, 독일, 미주리대학교를 전전하다 콜드스프링하버 연구소에서 일할 기회를 얻어 연구에 몰두할 수 있게 되었습니다.

그래서 전이인자가 뭐냐고?

옥수수 잎을 유심히 관찰하던 매클린톡은 어느 날 깜짝 놀랐습니다. 정상적인 옥수수 잎의 줄무늬는 어떤 줄을 기준으로 5개인데, 돌연변이 옥수수에서는 줄무늬가 한쪽은 3개, 한쪽은 7개였던 것이지요. 그녀는 '인접한 곳의 줄무늬 수의 합은 같지만 비율이 달라졌다는 건 세포가 분열할 때 줄무늬에 관여하는 유전자가 특정한 이유로 다르게 분배된 거야'라고 생각했습니다. 그리고 이 가설을 확인하기 위해 그 특정한 유전인자를 찾으려 노력했고 결국 1948년에 유전자의 자리를 이동하는 독특한 인자들을 찾아냈습니다. 이러한 인자들을 바로 전이인자라고 부릅니다. 그리고 유전자를 자르고 붙이는 기작을 하면서 돌연변이를 만들어내는 것을 '조절 효소'라고 부르게 됩니다.

그리고 이 엄청난 업적을 국립과학아카데미 저널에 발표하고 콜드스프링하버 연구소의 심포지엄에서도 공개합니다. 하지만 누구도 이 전이인자에 대해 이해하지 못했습니다! 심지어 싸늘한 반응까지 나타났죠. 한 번 더 발표했으나 결과는 달라지지 않았습니다. 결국 그녀는 전이인자를 설명하고 이해시키기는 일을 포기합니다.

전이 유전자로 노벨상을 받기까지

버버라 매클린톡이 포기하고 지내는 동안 유전학적으로 많은 성과가 있었습니다. 붉은빵곰팡이 실험을 통해 한 개의 유전자가 한 개의 효소를 만든다는 1유전자 1효소설이 등장했습니다. 에이버리(O. T. Avery)의 실험●과 허쉬-체이스 실험(Hershey-Chase experiment)● 덕에 DNA가 유전물질임이 밝혀졌고, 왓슨(James Dewey Watson, 1928~)과 크릭(Francis Harry Compton Crick, OM, 1916~2004)에 의해 DNA가 이중나선 구조인 것도 밝혀졌지요. 이때 왓슨은 『이중나선』이라는 책을 쓰기도 했습니다.

이렇듯 유전학이 계속 발전해가고 있음에도 아무것도 하지 못한 매클린톡은 계속해서 자기만의 실험을 해나갔습니다. 그러던 와중 DNA 유전자의 삽입에 대해 알려지게 되고, 다른 조절 유전자(controlling genes)에 대해 알려지면서 매클린톡의 업적이 재조명받게 됩니다.

전이인자에 대해 발표한 지 35년이 지난 1983년 81세의 늦은 나이에 노벨상의 영광을 누리게 됩니다. 버버라 매클린톡은 남들보다 30여 년을 앞선 직관력과 연구능력 덕분에 엄청난 발견을 했지만, 이를 따라가지 못한 다른 과학자와 대중의 외면으로 오랜 시간 힘든 삶을 살았습니다.

● 에이버리의 실험
DNA가 유전물질임을 보여준 실험.

● 허쉬-체이스 실험
DNA가 유전자의 실체라는 것을 구체적으로 나타낸 초기 실험의 하나.

유전학의 현재와 미래

전이인자의 발견으로 유전학은 한발 더 나아가게 되었습니다. 특히 전이인자는 진화의 다양성을 이해하는 데 더 큰 역할을 했지요. 그 외에도 방사능이나 균들 간의 형질전환, 염기의 결실, 염색체 간의 교차 등이 다양성을 부여하는 일을 한다는 것이 밝혀졌습니다. 그 덕에 공학적으로도 엄청난 발전을 거뒀습니다. 무와 배추를 교배해서 신종 작물인 배무채를 만들기도 했고, 복제 양 돌리의 탄생으로 나라가 발칵 뒤집어지기도 했지요. 아기가 태어나기 전에 DNA를 검사하여 아이에게 생길 수 있는 몇몇

질환을 앞서 치료할 수도 있게 되었고요. 유전학이 이렇게 넓은 곳에서 응용되고 있는 걸 알고 계셨나요?

생물학의 분야는 다양합니다. 면역학, 미생물학, 분자생물학, 병리학, 생리학 등등 이루 말할 수 없을 정도죠. 하지만 유전학은 이 모든 분야의 기초를 이루는 필수 분야입니다. 이 점을 인정하지 않는 과학자는 없을 거라고 확신합니다. 스파이더맨 같은 영웅이 불가능할 것 같나요? 유전학적으로는 가능합니다. 버버라 매클린톡을 포함한 다른 과학자들은 유전학의 기초만 쌓았을 뿐입니다. 앞으로 나아갈 길은 무수하고 방대합니다. 여러분이 유전학의 길을 걸어보는 것은 어떨까요?

한 번 받기도 힘든 노벨상, 두 번 받은 사람들

버버라 매클린톡이 노벨상을 받기까지의 사연을 들어보면 숨이 턱 막히지요? 전이인자에 대한 연구를 발표하고도 업적을 인정받기까지 무려 35년이나 걸렸으니 말입니다. 그녀가 만약 80세 이전에 사망했더라면 아예 받을 수도 없었을 것입니다. 하지만 역사적으로 노벨과학상을 두 번 받은 경우도 여럿 있습니다. 마리 퀴리, 존 바딘(John Bardeen, 1908~1991), 프레데릭 생어(Frederick Sanger, 1918~2013)가 그 주인공입니다.

여성으로서 최초로 노벨상을 수상한 마리 퀴리의 경우 물리학상과 화학상을 받았습니다. 잘 알려져 있듯이 첫 번째 상은 라듐 연구로, 그의 남편과 공동으로 수상하였습니다. 그 이후에 폴로늄의 발견과 함께 라듐의 성질● 및 그 화합물 연구로, 단독으로 노벨 화학상을 수상했습니다. 여담이지만 마리 퀴리의 딸 역시 노벨 화학상을 받았습니다. 남편과 딸 모두 노벨상을 받다니! 엄청난 과학자 집안이지요?

라이너스 폴링(Linus Carl Pauling, 1901~1994)은 노벨상을 두 번 받았지만 위 세 과학자와는 달리 노벨 화학상과 반핵운동으로 노벨 평화상을 받았

● 라듐과 폴로늄
알칼리토금속원소로 원소기호 Ra, 폴로늄(polonium)과 함께 우라늄 광석에서 발견된 방사성원소이며, 우라늄보다 훨씬 강한 방사능으로 방사능에 대한 연구가 본격적으로 이루어지게 되었다.

습니다. 그는 혼성오비탈(hybrid orbital)의 개념을 처음으로 도입한 과학자입니다. 원자는 핵과 전자로 이루어져 있는데요, 핵 주위에 분포한 전자는 s, p 오비탈 모양의 확률로 존재합니다. 라이너스 폴링은 원자와 원자가 결합할 때 각각의 오비탈들이 각각 결합하는 것이 아니라 s, p오비탈의 혼성화를 통하여 동일한 혼성오비탈로 결합한다고 설명했습니다. 예를 들면, 탄소 원자에는 2s 오비탈 1개와 2p 오비탈 3개가 있습니다. 수소에는 1s 오비탈 1개가 있지요. 탄소 원자 1개와 수소 원자 4개가 결합해 메탄(CH_4)이란 분자가 만들어진다고 봅시다. 이때 2s 오비탈 1개와 2p 오비탈 3개가 혼성화되어 동일한 sp3 혼성오비탈 4개가 형성되어 수소 원자의 1s 오비탈 4개와 각각 동일하게 결합합니다. 이를 도입하면 화학 결합에 대한 설명이 훨씬 편리해지죠.

라이너스 폴링

존 바딘은 첫 번째 노벨 물리학상을 전류와 전압의 흐름을 조절하는 트랜지스터를 발명해 수상했습니다. 현재 모든 전자기기에는 트랜지스터가 매우 작고 촘촘하게 들어 있습니다. 우리가 스마트폰을 사용할 수 있는 것도 트랜지스터가 개발되었기 때문이죠. 또한 그는 특정 물질은 일정 온도에 다다르면 전기저항을 잃고 전류가 무제한이 되는 초전도 현상을 설명하였습니다. 그리고 이를 통해 두 번째 물리학상을 받았습니다.

존 바딘

마지막으로 프레데릭 생어는 탄수화물 대사를 조절하는 호르몬 단백질인 인슐린의 아미노산 배열과 구조를 밝혀내어 첫 번째 노벨상을 받았습니다. 그 후에 핵산의 배열 순서를 결정하는 요인이 무엇인지 밝혀내어 두 번째 상을 받았습니다.

프레데릭 생어

최단시간에 노벨상을 수상한 과학자들

2010년 노벨과학상(물리학, 화학, 생리의학상)의 주인공들은 논문 발표에서 수상하는 데까지 약 24.3년이 걸렸다고 합니다. 이 중 가임(Andre Geim, 1958~)과 노보셀로프(Konstantin Novoselov, 1974~)를 제외한 나머지 수상자들의 평균 수상 소요기간은 33.5년이었습니다. 노벨과학상 수상자 중 단 두 명만 제외했을 뿐인데 수상하는 데 걸린 평균기간이 10년이나 확 늘었습니다. 왜냐하면 가임과 노보셀로프는 논문을 발표하고 노벨상을 받기까지 단 6년밖에 걸리지 않았기 때문입니다.

현대에 와서는, 한평생 바친 획기적인 연구가 수많은 검증 후에 과학자들이 거의 노인이 되어서야 받는 것이 추세입니다. 그렇기에 이 두 명의 과학자가 수상받기까지 걸린 시간은 가히 놀랄 만한 사건일 수밖에 없습니다.

학생 시절부터 가임과 함께한 노보셀로프는 불과 36세에 노벨 물리학상을 수상하는 영광을 거머쥐었습니다(가임은 노벨상을 받을 당시 52세였습니다). 30대에 노벨상을 받은 것은 그동안의 노벨상 수상자들에게도 흔치 않은 일이랍니다. 이들이 노벨상을 수상한 연구는 '그래핀'의 발견이었습니다. 기존 물리학 이론에서 그래핀은 공기 중에서 존재할 수 없는 물질이라고 선언할 정도로 가상의 물질이었습니다. 하지만 그래핀을 실험으로 발견함으로써 기존 과학 이론을 뒤엎어버렸습니다.

노보셀로프는 연구 시간의 10%는 항상 엉뚱하고 기발한 실험을 하는 데 썼다고 합니다. 그래핀을 발견한 것도 바로 이 엉뚱한 실험 덕분이었습니다. '세상에서 가장 얇은 막을 한번 만들어볼까?' 하고 재미 삼아 도전해본 것이 노벨상 수상이라는 영광으로 이어진 것이죠.

지금까지 노벨상의 몇 가지 특징과 노벨상을 수상한 과학자들을 살펴보았습니다. 평생 한 번 받기도 어려운 노벨상은 몇십 년을 기다려야 받을 수 있습니다. 하지만 어떤 과학자는 두 번이나 받기도 했지요. 무엇인가 한 분야를 평생 연구한다는 것은 지난한 일입니다. 노벨상을 받는 것은 과학에 대한 열정만으로 가능한 것도 아니고요. 그래도 여러분 중에 과학자가 꿈인 분이 있다면 도전해볼 만한 명예가 아닐까요? 과학을 사랑하는 마음으로 원대한 꿈을 키워보세요.

꿈꾸는과학 | 꿈꾸는과학은 2003년 정재승 교수가 만든 과학 아이디어 공동체로, 과학 전공자를 포함, 과학에 관심 있는 사람들이 모여 과학을 주제로 다양한 이야기를 나누는 활동을 하고 있다. 꿈꾸는과학은 크게 두 가지 활동을 하는데 첫째는 과학 서적을 기본으로 다양한 분야의 책을 선정하여 함께 읽고 토론하는 것이고, 둘째는 발표 활동을 통해 과학적 대화를 펼치는 것이다. 평소에 알고 싶었던 것, 사람들이 궁금해 하는 것, 신기한 발견 등 관심 있는 과학 주제를 발표하여 함께 생각하고 다양한 이야기를 나누고 있다. 이 글은 정화일(고려대학교 바이오시스템의과학부 학사 과정), 지은지(연세대학교 신소재공학과 석박사통합과정)가 작성했다.

단순히 피아노 건반을 하나 두드리고 소리를 듣는 행위조차도 여러분의 뇌 안에서 수많은 세포가 활성화되거나 억제된 상태로 존재하고 이는 하나의 큰 연결체로 나타납니다. 과학은 이 과정을 규명하고, 현상에 대한 실체를 밝히는 데 주력합니다. 그리고 모르는 것에 대해서는 과감히 모른다고 인정하고 겸손한 자세로 새로운 사실을 찾아 끊임없이 탐구해 나갑니다.

✚ 감정, 정서, 느낌의 용어 차이

일상적 용어와 달리 학문적 용어에서는 감정이라는 단어보다 정서라는 단어를 사용합니다. 그 이유는 특정한 조건에 한정하여 사용하려는 의도와 함께 언어적 배경 때문입니다. 정서란 신체를 동반한 기초적인 감정을 말하며, 느낌은 정서를 기반으로 고차원적으로 인지하는 상태입니다. 물론 이 세 단어가 칼로 자르듯 구별되는 것은 아닙니다. 여기서는 편의상 '감정'이라는 단어로 통칭해서 사용했습니다.

생각하고 느낀다는 것은 무엇일까?

| 한정규 |

■　　　쇼팽의 피아노곡을 멋지게 연주하여 전 세계적으로 찬사를 받은 피아니스트 조성진 씨를 아시나요? 최근 그에게 관심이 모아지면서 덩달아 클래식에 대한 관심도 커졌습니다. 혹시 조성진 씨의 연주 장면을 본 적이 있나요? 음악을 본다고 하니 이상하게 여길 수도 있겠습니다. 왜냐하면 음악은 기본적으로 귀로 듣고 느끼는 행위라고 생각하기 때문죠. 지금부터 제가 왜 음악을 '본다'고 하는지 그 이야기를 하려고 합니다.

표정과 감정

한번은 조성진 씨의 연주 장면을 보다가 그의 표정을 보고 이상한 생각이 들었습니다. 피아노를 연주하는 표정이 매우 다채로웠기 때문입니다. 빠른 템포의 연주를 할 때는 미간을 찌푸리며 심각한 표정을 짓고, 차분하고 잔잔하게 연주할 때는 아주 편안한 표정과 미소를 짓는 모습이 보였습니다. 본인의 연주에 감정이입하면 자연스럽게 이런 표정이 나타날까요? 아니면 좀 더 훌륭한 연주를 하기 위해 표정까지 동원하는 걸까요? 여러분은 어떻게 생각하나요?

👧 저는 피아노 칠 때 감정을 담아 연주하면 정말 잘 치는 것 같은 느낌이 들었어요.

피아노 연주와 감정 표현

그럴 수도 있겠네요. 피아노 연주는 음을 지각하는 능력과 감정 표현이 결합하여 운동행동으로 나타나는 매우 고차원적인 인지활동입니다. 또한 뇌 과학자들이 가장 궁금해하는 생각과 느낌에 대한 많은 과학적 주제를 포함하고 있습니다. 그러나 고차원적인 만큼 복잡해서 직접 연구하기에 매우 어려운 주제입니다. 따라서 단일 변수에 의한 인과관계를 밝히기 위해 대개 과학 연구는 간단한 모델을 토대로 이루어집니다. 그래서 '표정', 즉 사람의 얼굴에 드러난 느낌 혹은 감정은 연구를 시작하기에 적합합니다. 그리하여 1960년 후반, 지금으로부터 약 50여 년 전 미국 심리학자 폴 에크먼(Paul Ekman)은 다음과 같은 사실을 학계에 발표합니다.

"모든 인간 종의 얼굴은 여섯 가지 기본 감정으로 분류할 수 있다."

이 말을 풀어 말하면, 무수히 많은 감정 상태를 몇 가지로 분류해서 남녀노소, 인종을 가리지 않고 얼굴만 보고 그 사람의 감정 상태를 알 수 있다는 것입니다. 사실 150여 년 전에 찰스 다윈(Charles Robert Darwin, 1809~1882)이 먼저 알아챘던 통찰입니다. 과학 수업시간에 다윈의 진화론에 대해 배웠겠지만, 다윈은 사실 인간의 본성이 무엇인지에 대해 평생 고민했던 과학자입니다. 『종의 기원』의 성공 이후 인간과 동물의 감정을 고찰해 책 한 권을 펴냈습니다. 다음은 그중 일부입니다.

> 다양한 정서와 감정 상태의 영향을 받는 인간과 하등 동물에서 무의식
> 적으로 드러나는 감정 표현과 몸짓을 설명해주는 세 가지 원리로 논의
> 를 시작할 것이다. 나는 이 원리들을 찾는 데 나의 꼼꼼한 관찰을 근거
> 로 했다.
>
> — 표현의 일반 원리들, 『인간과 동물의 감정 표현에 대하여』(1872)

다윈은 감정 표현의 일반 원리들을 제시하면서 인간뿐 아니라 동물에서도 그 감정을 읽어낼 수 있다고 말했습니다. 그 이유를 한마디로 설명하기는 어렵지만, 직관적으로 애완동물을 보면 그들도 생각하고 느끼지 않을까 하는 생각은 듭니다. 물론 우리의 착각일 수도 있습니다. 알 수 없다는 뜻입니다. 카프카의 소설 『변신』에서 주인공이 벌레로 변하듯 우리가 애완동물이 되어보지 않고서는 알 수 없는 일이지요.

여기서는 주제를 한정해서 인간의 감정을 어떻게 과학적으로 연구하는지를 다뤄보도록 하겠습니다. 폴 에크먼의 주장으로 돌아가겠습니다.

원시 풍습을 지금까지 유지하고 있는 부족민의 표정(124쪽 그림 참조)을 하나씩 살펴보면, 이 부족민이 어떤 감정 상태에 있는지 뭐라 꼭 집어 설명하기에는 어렵지만 느낌으로 알 수 있습니다. 즐거움(joy), 슬픔(sadness), 화남(anger), 두려움(fear), 역겨움(disgust), 놀람(surprise), 이렇게 여섯 가지 중 하나입니다. 표정을 보고 어떤 감정인지 맞힐 수 있었나요? 아니면 이

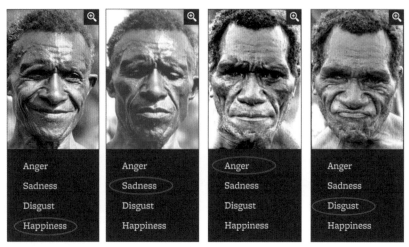
부족민의 표정을 보고 감정 이해하기(http://www.paulekman.com/universal-facial-expressions/)

여섯 감정 외에 다른 뜻을 가진 단어가 떠올랐나요? 답을 맞히지 못했다면 여러분은 상대방의 감정을 잘 파악하는 데 약간(?) 문제가 있지 않을까 의심됩니다. 그런데 무엇을 근거로 감정 상태를 표현한 것일까요? 물론 누군가 두부 자르듯 정해서 만든 분류는 아닙니다. 폴 에크먼은 서양인들의 표정과 그들의 감정 표현, 언어 사이의 관계를 찾아냈습니다. 그리고 이것을 문화에 의해 형성된 것이 아닌 인간 본성의 밑바탕에 깔린 것으로 해석했습니다. 그 증거가 바로 위의 원주민 얼굴입니다. 즉, 문화적 배경이 다른 두 이질적인 집단, 서양인과 남태평양 원주민도 표정만으로 서로의 감정 상태를 알 수 있다는 사실입니다.

감정은 어디에서 생기는 걸까?

기본 감정이란 것이 있고, 그 여섯 가지 감정을 표정만 보고도 알아차릴 수 있다는 사실은 매우 흥미롭습니다. 그러나 감정은 그렇게 간단하게 규정할 수 없다는 의견도 있습니다. 특히, 여섯 가지 감정 표현을 감추고도 감정을 가질 수가 있습니다. 기뻐도 내색할 수 없는 때가 있고, 슬퍼도 울 수 없을 때가 있지요. 표정은 단지 감정이 드러나는 한 면을 보여주는 게 아닐까요? 이때, 나의 감정은 어디에 있는 걸까요?

뇌과학에서는 감정이 '뇌'에 있다고 말합니다. 적어도 아직까지는 말입니다. 영화 〈인사인드 아웃〉을 보면, 주인공의 머릿속에 다섯 명의 캐릭터가 등장합니다. 기쁨이(Joy), 슬픔이(Sadness), 버럭이(Anger), 소심이(Fear), 까칠이(Disgust).

영화 〈인사이드 아웃〉의 슬픔이

이 영화에서는 이 다섯 가지 감정이 의인화되어 그들이 각자의 역할을 수행할 때마다 주인공의 감정 상태가 변합니다. 예를 들면, 어렸을 때 부모님과 처음으로 즐겼던 하키를 할 때 느꼈던 즐거운 느낌을 주인공의 핵심 기억에 저장합니다. 이 기억은 매우 즐거웠을 때의 기억이며 이 기억을 떠올림과 동시에 즐거워집니다. 영화에서는 기쁨이가 주도적으로 저장된 핵심 기억을 다시 살려 주인공이 슬프지 않게 만듭니다. 반대로 슬픈 느낌을 기억하기도 하는데, 영화에서 슬픔이가 약간 문제를 일으키기도 합니다. 주인공이 사춘기를 겪으면서 이 슬픈 감정은 매우 큰 역할을 하게 되죠.

이 영화는 심리학적 지식을 영화적 연출로 잘 버무려 표현했습니다. 사실, 폴 에크먼이 제작 단계부터 이 영화의 자문을 맡았다고 합니다. (과학자가 되면 이렇게 영화 만드는 일에도 참여할 수 있답니다!) 참고로 영화처럼 우리의 머릿속에 감정별로 캐릭터가 존재하는 것은 아닙니다. 그러나 '뇌'의 어딘가에서 시스템적으로 작동하고 있지요.

즐거움을 조절하는 뇌의 부위, 슬픔을 조절하는 뇌의 부위 등 뇌 어딘가에 감정을 조절하는 부위가 존재한다면, 뇌영상기술을 통해 확인해볼 수 있을 겁니다. 우선, 뇌영상기술이 무엇인지 간단히 살펴보겠습니다.

뇌영상기술은 살아 있는 상태에서 뇌의 기능과 구조를 살펴보는 기술입니다. 살아 있다는 점이 가장 중요합니다. 이 기술은 두 가지 신경활동의 특징을 활용합니다. 첫째는 신경활동의 전기적 활동을 측정하는 것입니다. 신경세포는 활동전위라고 하는 전기적 신호를 세포 간 신호소통 수단으로 사용합니다. 이 신경세포의 다발이 내는 미세한 전기 신호를 잡아냄으로써 신경활동을 측정하게 됩니다. 대표적인 장비가 EEG/MEG(뇌전도/뇌자도)입니다. 둘째는 신경활동의 대사적 활동을 재는 것입니다. 신경세포가 활동을 하면 에너지를 많이 소모합니다. 따라서 산소포화도를 측정해 간접적으로 세포 내 포도당 사용량을 측정 단위로 사용합니다. 대표적으로 fMRI(기능적 자기영상장비)가 있습니다. 또 PET(양전자방출단층촬영)도 대사활동을 측정하는 장비입니다.

이러한 장비 외에도 좀 더 정밀하고 정확한 신호를 얻을 수 있는 장비가 계속 개발되고 있습니다. 이 장비들의 근본적인 문제와 한계에도 불구하고, 뇌과학의 많은 발견과 통찰은 이런 장비들을 거쳐 나왔습니다. 감정에 관한 연구도 마찬가지입니다.

감정과 뇌의 담당 부분

안토니오 다마지오(Antonio Damasio)라는 포르투갈 출신의 미국 신경과학

뇌의 기능과 구조를 검사하는 다양한 장비들. (왼쪽부터) EEG, MEG, fMRI

자는 한 논문을 통해 폴 에크먼이 제
안했던 여섯 가지 기본 감정 상태를
찍은 뇌활동 그림을 발표했습니다.(오
른쪽 그림 참조)

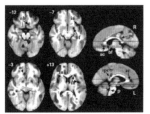
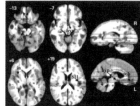
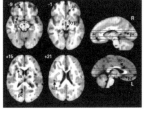
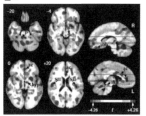

슬픔 / 두려움 / 기쁨 / 분노

다양한 감정 상태일 때의 뇌 사진 © Damasio Nature Neuroscience 2001

특정 감정 상태를 피험자가 느낄
수 있도록 설계된 조건에서, 어떠한
뇌 부위가 활성화 또는 억제화되는
지를 살펴본 실험입니다. 앞서 말한
fMRI를 사용해 검사했습니다. 한 사
람을 대상으로 실험한 것이 아니라
통계적으로 유의미하도록 충분한 수
의 피험자를 대상으로 실험했습니다.

이 실험 결과는 어떻게 해석해야 할까요? 논문에서 제시한 그림을 보
면, 활성화된 부분이 어느 특정 영역에 치우치지 않고 고르게 분포된 것
을 볼 수 있습니다. 또 특정 감정에서 더 활성화된 부분이 보이기도 합니
다. 그렇다면 기쁨의 감정을 관장하는 부분이 뇌에 있고, 또 슬픔을 관장
하는 부분이 따로 존재하는 걸까요? 아니면 앞서 말한 영화에 등장하듯
감정 조절 센터가 존재하는 걸까요? 예를 들어, 사랑에 대한 느낌에 대응
하여 반응하는 뇌섬엽(insular)이라는 영역이 있습니다. 사람마다 느끼는
감정이 다른데도 특정 감정 상태에 반응하는 뇌 안의 영역은 공통적이라
는 사실은 무척 흥미롭습니다.

여기서 한 가지 비밀 아닌 비밀을 말씀드리자면, 감정에 대한 명쾌한
과학 이론이나 설명이 아직은 부족한 형편입니다. 솔직하게 말하면, 모르
는 점이 아는 점보다 훨씬 많습니다. 아마도 미래의 과학자를 꿈꾸는 여
러분에게 열려 있는 주제일지도 모르겠습니다.

뇌 안에 감정이 어디에 있는지를 살펴보면서 뇌영상기술에 대한, 여러분에게는 약간 어려울 수 있는 이야기를 해보았지만 여전히 의문이 남습니다. '감정 조절에 중심적 역할을 하는 부분이 존재한다는 것만으로 감정을 이해했는가?' 하는 의문입니다. 논문 그림에 등장한 알록달록하게 활성화된 부분은 신경세포 또는 신경교세포 아니면 두 세포 모두가 작동하는 상황입니다. 잠시 생물 시간으로 바꿔보겠습니다.

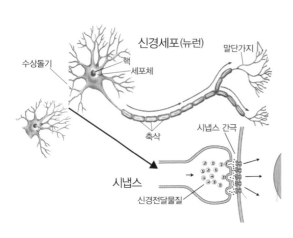

신경세포와 시냅스 모식도

간략하게 설명하면, 신경세포는 전기적 신호와 화학적 신호, 두 가지 원리로 작동합니다. 신호가 있다는 말은 신경세포끼리 의사소통을 한다는 뜻이고 신호를 받을 수 있는 입력 부분과 밖으로 보낼 수 있는 출력 부분이 있다는 말도 됩니다. 입력 부분을 수상돌기라고 하며, 출력 부분은 신경 말단이라고 합니다. 그리고 컴퓨터 CPU처럼 신호를 처리하는 장소를 세포체라고 합니다. 전기적, 화학적이라는 말은 신호전달의 물질적 근거를 말합니다. 전류가 흘러 신호가 전달되기도 하고, 화학물질을 전달하기도 합니다. 따라서 신경세포는 두 가지 종류를 사용하도록 설계된 신호처리를 담당하는 하나의 단위가 됩니다.

또 하나 중요한 개념이 있는데, 바로 시냅스(synapse)입니다. 시냅스는 신경세포와 신경세포 사이에 미세한 틈으로 연접한 부위를 말하며, 신경세포의 기능적 단위라고 볼 수 있습니다. 신경교세포는 예전에는 신경세포를 주위에서 도와주는 역할을 하는 세포로 여겼는데, 지금은 신호전달에 신경교세포 또한 독립적인 기능을 하는 것으로 밝혀졌습니다. 이러한 신경세포와 신경교세포들이 한데 어우러져 우리의 생각과 느낌을 좌지우지합니다. 믿기지 않겠지만, 1,000억 개가 넘는 세포가 매 순간 의사소통을 한다고 생각해보면 아예 불가능한 일도 아닙니다. 세계 인구 70억 명이 모여 지금과 같은 문명을 만들어냈듯이 말입니다.

살아 있는 사람의 뇌 들여다보기

최근에 과학자들은 신경세포 사이의 연결성에 집중하여 연구를 진행하고 있습니다. 정확히 말하면 회로 수준으로 차원을 한 단계 올렸다고 볼 수 있습니다. 단일 세포를 연구하거나 시냅스만을 연구해서는 고차원적인 문제를 해결하기 어렵다고 판단했기 때문입니다. 그렇다면 어떻게 연구할 수 있을까요? 방법은 의외로 단순합니다. 뇌 전체를 얇은 절편으로 자른 후에 3차원으로 재구성하는 방식입니다. 물론 죽은 사람의 뇌를 대상으로 실험을 수행합니다. 이 같은 경우에는 해부학적 구조를 파악하는 데 목적이 있습니다.

반면에 살아 있는 뇌는 어떻게 그 회로를 파악할 수 있을까요? 확보된 뇌의 해부학 구조를 기반으로 영역 A에 자극을 주고 영역 B에서의 반응을 확인합니다. 원인과 결과를 확인하는 작업입니다. 이러한 실험 기법이 가능해진 데는 살아 있는 동물을 활용한 광유전학의 기여가 큽니다. 기술적 발전은 자연을 이해하는 영역을 넓혀줍니다.

한편, 일개 세포 수준까지 조절할 수는 없지만 뇌영상기술의 발전으로 사람의 뇌에서 회로 수준의 뇌 활동을 분석할 수 있게 되었습니다. 예를 들어 조현병 환자의 뇌 연결 양상과 정상인의 뇌 연결 양

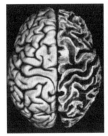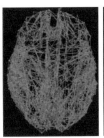

뇌 백색질을 MRI를 통해 시각적으로 표현한 커넥톰

상은 많은 영역에서 그 패턴이 다르게 나타납니다. 과학자들은 이제 뇌를 바라볼 때, 신경세포 하나를 보는 게 아니라 한 회로 또는 덩어리로 봅니다. 그리고 이름을 붙였습니다. 영어로 '커넥톰(connectome)'이라고 합니다. 우리말로 하면 '연결체'라고 부를 수 있겠습니다. 연결 덩어리라는 의미입니다.

아직도 답을 알 수 없는 질문

우리의 질문인 '감정'을 신경세포의 연결 덩어리로 보는 관점에서 다시 생각해봅시다. 표정에 드러나는 감정은 뇌에서 나온 신호가 얼굴 근육에 전달된 것이죠. 그리고 이때 뇌에서 나오는 신호는 특정 감정 상태일 때 특정 신경세포들이 연결된 신경회로의 활동이라는 겁니다. 이해가 되요?

현재 과학자들이 아는 수준에서는 이 정도로밖에 설명할 수 없습니다. 왜냐하면 질문에 아직 명확한 답을 찾지 못했기 때문입니다.

"사랑이란?"

사랑에 대해 과학은 무엇을 말할 수 있을까요? 사랑이란 말과 주제는 인문학의 영역이라 불가침의 영역이 되는 것일까요? 이 강연에서 던졌던 질문이 '어떻게 생각하고 느끼는가?'라고 한다면, 우리는 인문학적 주제에 대해 과학으로 답을 하는 셈입니다. 그러니 '사랑'이라는 주제에 대해서도 생각해볼 수 있고, 당연히 과학이 그 답을 제시할 수 있습니다.

다만, 현재의 과학 수준으로는 아직 물질적 특성을 기반으로 현상적 측면에서 생각과 감정을 설명하고 있을 뿐입니다. 하지만 좀 더 발전하면 고차원적인 의미가 있는 부분도 설명 가능하리라 예측해봅니다.

'사랑'이라는 단어 하나가 함축하는 의미는 연인 간의 사랑, 부모와 자녀 간의 사랑, 심지어 자연물에 대한 사랑까지 무척이나 다양할 뿐 아니라 감정의 정도도 각기 다를 겁니다. 그래도 과학은 이에 대한 충분한 설명과 이해를 전달해줄 것입니다.

이 기회를 통해 평소 '생각한다', '느낀다'에 대한 자신만의 개념이 조금은 달라졌나요? 막연했던 부분이 조금은 구체적으로 와 닿나요? 만약 그렇다면 다행입니다. 과학은 바로 상식적으로 또는 직관적으로 알고 있다고 여기는 부분을 그렇지 않다고 말해줍니다. 단순히 피아노 건반을 하나 두드리고 소리를 듣는 행위조차도 여러분의 뇌 안에서 수많은 세포가 활성화되거나 억제된 상태로 존재하고, 이는 하나의 큰 연결체로 나타납니다. 과학은 이 과정을 규명하고, 현상에 대한 실체를 밝히는 데 주력합니다. 그리고 모르는 것에 대해서는 과감히 모른다고 인정하고 겸손한 자세로 새로운 사실을 찾아 끊임없이 탐구해 나갑니다.

수천 년 동안 인류가 질문해왔던 철학적, 인문학적 주제마저도 이제 과학이 새로운 기술을 기반으로 그 대답을 준비하고 있습니다. '감정'이라는 주제는 앞으로 밝힐 내용이 더 많습니다. 그래서 여러분들이 도전해볼 만한 과제라는 생각이 듭니다. 미지의 세계에 도전하는 과학자, 멋지지 않나요?

한정규 | 연세대학교에서 생명공학, 서울대학교에서 뇌과학을 공부했다. 서울대학교 대학원 뇌인지과학과 박사 과정을 수료했으며 우울증 · 조울증 · 트라우마와 같은 정신질환을 통해 인지 · 감정에 대한 매커니즘을 연구하고 있다. 배움과 사회의 소통이 중요하다고 생각하여 한겨레 《사이언스온》, 아시아태평양 이론물리센터(APCTP)에서 칼럼을 연재하며 대화의 장을 만들어 나가고 있다.

가난하다는 이유로 불편함과 죽음의 공포 속에서 사는 것을 당연히 여겨야 할까요? 아닙니다. 기술의 혜택을 상대적으로 많이 누리는 우리가 그렇지 못한 사람들을 도와주어야 합니다. 빈곤층도 기술의 혜택을 받을 수 있도록 하자는 취지에서 생겨난 기술이 바로 '적정기술'입니다.

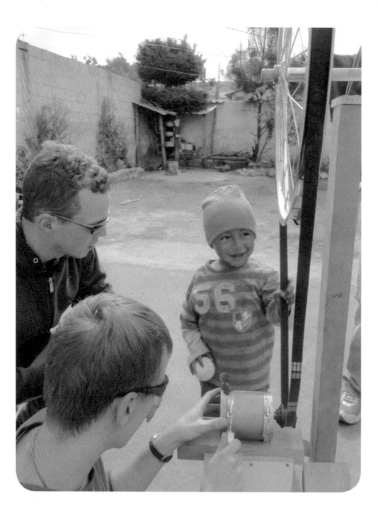

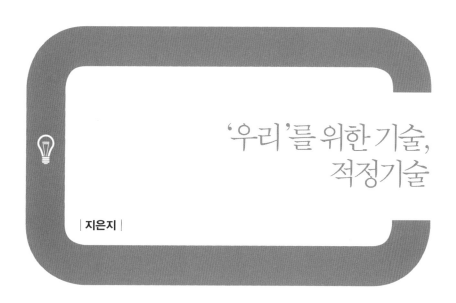

'우리'를 위한 기술, 적정기술

| 지은지 |

■　　여러분은 하루에 돈을 얼마나 쓰나요? 저는 주로 교통비와 식비로 하루에 만 원 이상을 지출합니다. 친구와 저녁 약속이라도 있다면 그 이상의 돈을 쓰게 되지요.

그런데 전 세계에 약 12억 명의 사람이 하루에 1달러(약 1,200원) 미만으로 생활한다는 사실을 알고 있나요? 하루 2달러(약 2,300원) 미만으로 사는 인구는 약 30억 명이 된다고 하니 전 세계의 90%가 빈곤층으로 생활하고 있다고 해도 과언이 아닙니다.

이런 그들에게 전기를 사용한다는 것은 쉬운 일이 아닐 것입니다. 전기가 마을에 들어오려면 전기를 만드는 발전소와 전기를 보내는 송전선이 필요한데 이를 짓기 위해서는 엄청난 돈이 들어가죠. 게다가 전기가 공급된다 한들 하루 2,000원 정도로 살아가는 이들에게 전기료를 지불해가며 전기를 쓴다는 것은 엄청난 사치처럼 느껴질 것입니다.

전기 없는 세상은 어떤 모습일까?

전기를 사용하지 못한다면 어떤 일이 일어날까요? 일단 저녁에는 너무 어두워 활동할 수가 없을 것입니다. 해가 지면 할 수 있는 일이라곤 잠자는

것 빼고는 없을 것 같군요. 식수는 또 어떻고요. 물을 정수하고 수도시설을 유지·관리하는 데에도 전기가 필요하지요. 개발도상국에서는 정수된 물을 구하는 것이 매우 어렵습니다. 물을 정수하는 것과 정수된 물을 각 가정에 보내기 위한 상하수도 시설을 설치하는 데드는 비용이 매우 비싸기 때문입니다. 그 결과더러운 물을 마신 사람들이 각종 질병으로 사망하는 일이 빈번하게 일어나고 있습니다.

부족한 것은 전기와 정수된 물뿐만이 아닙니다. 그 외에도 여러 기술을 사용할 수 없는데요. 돈이 없어 불편함을 겪거나 죽을 수밖에 없는 그들에게 현대의 최첨단 과학이란 참 부질없어 보이기까지 합니다.

그렇다면 그들은 가난하다는 이유로 불편함과 죽음의 공포 속에서 사는 것을 당연히 여겨야 할까요? 아닙니다. 기술의 혜택을 상대적으로 많이 누리는 우리가 그들을 도와주어야 합니다. 그래서 빈곤층도 기술의 혜택을 받을 수 있도록 하자는 취지에서 생겨난 기술이 바로 '적정기술(appropriate technology)'입니다.

적정기술 운동은 마하트마 간디(Mahatma Gandhi, 1869~1948)가 맨 처음 시작했습니다. 그는 지역을 중심으로 하는 작은 기술들을 개발하기 위해 노력했습니다. 이는 인도의 각 마을이 독립적으로 경제활동을 할 수 있게 하기 위해서였습니다. 그는 이윤 증대를 위한 대량생산 기술, 그리고 소수의 사람만 이익을 볼 수 있는 기술을 싫어했습니다.

대량생산이 아닌 대중에 의한 생산

간디의 이러한 운동에 영향을 받은 경제학자 에른스트 슈마허(Ernst Schumacher, 1911~1977)는 『작은 것이 아름답다』라는 책을 통해 '중간기술'을 강조했습니다. 최소의 비용으로, 현지의 재료를 사용해, 현지 사람들이 직접 사용할 수 있는 기술을 중간기술이라고 합니다. 전 세계 상위 10%를 위한 첨단기술이 아니라 90%를 위한 인간의 얼굴을 한 기술이지요. 이 기술은 개발도상국의 토착기술보다 훨씬 우수하지만, 선진국의 기술에 비해서는 매우 값이 싸고 소박합니다.

에른스트 슈마허

　현재는 중간기술이라는 이름이 열등한 기술인 것처럼 오해받을 수 있어서 대안으로 '적정기술'이란 단어를 사용합니다. 적정기술이 되기 위해서는 몇 가지 조건을 만족해야 합니다.

　　1. 적은 비용으로 활용한다.

　　2. 가능하면 현지에서 나는 재료를 사용한다.

　　3. 현지의 기술과 노동력을 활용하여 일자리를 창출한다.

　　4. 제품의 크기는 적당해야 하고 사용방법은 간단해야 한다.

　　5. 특정 분야의 지식이 없어도 이용할 수 있어야 한다.

　　6. 지역주민 스스로 만들 수 있어야 한다.

　　7. 사람들의 협업을 끌어내 지역사회 발전에 공헌해야 한다.

　　8. 분산된 재생 가능한 에너지 자원을 사용한다.

　　9. 사용하는 사람들이 해당 기술을 이해할 수 있어야 한다.

　　10. 상황에 맞게 변화할 수 있어야 한다.

　지금부터 적정기술의 예와 그 속에 담긴 과학 원리를 살펴보겠습니다.

읽으면서 느끼겠지만, 적정기술은 우리에겐 조악하고 다소 불편한 기술입니다. 하지만 전기가 없어 언제나 어둡게 살아가는 사람들이나 오염된 물을 마시며 살아가는 사람들처럼 열악한 환경에서 살아가는 이들에게는 꼭 필요한 기술입니다.

오염된 물을 깨끗하게 걸러주는 생명의 빨대

로마제국 시민의 평균수명은 25세, 중세 시대는 30세였다고 합니다. 현재의 평균수명이 남성 78세, 여성 85세인 것에 비하면 사람들의 수명이 매우 짧았습니다. 과거에는 의학 수준이 낮아 평균수명이 짧다고 생각할 테지만 틀렸습니다. 그것보다는 비위생적인 환경 때문에 전염병이 창궐하면 한꺼번에 많은 이들이 사망하는 일이 빈번했기 때문입니다.

위생 상태를 개선함으로써 평균수명이 훌쩍 높아진 지금도 여전히 전 세계의 40%는 불결하고 안전하지 못한 생활환경에서 살고 있습니다. 특히, 면역력이 약한 어린아이들은 전염병에 취약해 15초에 한 명꼴로 죽고 있다고 합니다.

열악한 위생 상태에서 병원균이 퍼지는 과정을 살펴보겠습니다. 이들은 변변한 화장실도 없어 아무 데서나 볼일을 보며 생활합니다. 특히 대변의 경우 저개발국 사람들이 공동으로 이용하는 식수를 오염시킵니다. 이런 나라에서는 상하수도 시설이 제대로 갖춰지지 않아 인근의 우물이나 강물을 식수로 이용합니다. 공동 식수가 병원균에 오염되면 이 오염된 물이 매개체가 되어 사람들의 몸속으로 퍼지게 됩니다.

이런 상하수도 시설을 갖추기 힘든 곳에 개인용 정수 도구를 보급하면 어떨까? 하는 생각으로 탄생한 것이 바로 '라이프스트로우(life straw)'입니다. 이는 한 뼘 정도 길이의 기다란 통으로 된 개인용 정수 도구로 전 세계 수많은 사람에게 깨끗한 물을 제공하는 선물 같은 도구입니다.

라이프스트로우 개발의 시작은 1994년으로 거슬러 올라갑니다. 그때는 물속에 있는 기니벌레˙나 애벌레를 제거하는 필터 정도로만 개발되었습니다. 2000년대에 들어서는 벌레뿐 아니라 물의 오염을 일으키는 모든 미생물을 걸러낼 수 있는 수준까지 발전합니다. 그 결과 2005년 개인용 빨대 필터가 개발되었습니다.

개인용 정수 도구, 라이프스트로우

라이프스트로우 내부에는 속이 빈 기다란 섬유소 다발들이 들어가 있습니다. 이 섬유소에는 수많은 미세한 구멍이 존재하는데 그 크기가 0.2미크론˙ 미만일 정도로 매우 작습니다. 오염된 물에 빨대를 대고 빨아들이면 먼지나 박테리아 등은 섬유소에 걸러지고 깨끗한 물만 미세구멍을 통해 섬유소 밖으로 빠져나갈 수 있습니다. 그렇게 미세 구멍을 빠져나온 물만 사람들이 마실 수 있게 되는 것이지요.

라이프스트로우 하나로 약 1,000리터의 물을 정수할 수 있습니다. 하루에 사람에 꼭 마셔야 하는 물의 양을 2.7리터 정도라고 한다면 약 1년 동안 걱정 없이 물을 마실 수 있는 것입니다.

현재는 대용량 정수장치도 개발되어 가정이나 학교에 보급된다고 합니다. 이 라이프스트로우는 누군가 하나를 구매하면 저개발국가의 학교에 대용량 정수장치를 하나 기부할 수 있는 방식으로 보급됩니다. 지금까지 약 630개의 학교에 보급되었고 점점 보급량을 계속해서 늘리고 있습니다.

● 기니벌레
물속에 사는 기생충으로, 사람의 소화기와 발에 기생하여 피부에 수포와 궤양을 일으키며 살을 썩게도 한다.

● 0.2미크론
1만분의 2mm. 물방울 입자 크기가 직경 50~3000미크론, 황사 및 미세먼지 입자 크기가 약 1~10미크론인 것을 감안하면 아주 작은 크기다.

전기를 만들어내는 축구공

전 세계 12억 명은 전기료를 낼 수 없는 형편이거나 전기설비가 갖춰지지 않은 지역에 살고 있습니다. 그들은 어두운 밤을 밝히기 위해서 전기 대신 등유 램프나 디젤 발전기를 사용할 수밖에 없습니다. 하지만 이러한 장치들은 사용 중에 화재로 이어지기도 하고, 연소하면서 나오는 연기가 실내 공기를 더럽혀 건강을 해치기도 합니다. 매년 160만 명의 사람들이 요리 중에 이러한 가스를 마셔 사망한다고 합니다. 이는 말라리아에 의한 사망자 수보다도 높은 수치입니다.

그래서 '누구나 전기의 혜택을 누리고 살자!'를 희망하며 네 명의 하버드대학 학생이 뭉쳤습니다. 아이들이 가장 좋아하는 놀이인 축구를 이용해서 전기를 생산하면 어떨까? 하는 아이디어에서 시작되었습니다. 그 결과물이 바로 공짜 전기를 생산할 수 있는 '소켓볼(soccket ball)'입니다.

언차티드 플레이가 개발한 소켓볼

공놀이를 하는 동안 공 안에 있는 추가 회전하면서 내부 자석이 코일 앞뒤로 움직입니다. 이때 코일에 전류가 흐르고 그 전류는 재충전되는 배터리에 바로 저장됩니다. 30분 동안 공을 가지고 놀면 3시간 동안 LED 램프를 사용할 수 있습니다. 공짜 전기를 이용한 빛으로 아이들은 밤에도 공부할 수 있고, 어른들도 밤낮 상관없이 부업을 할 수 있습니다. 또한 연료를 태우는 것이 아니라 공기의 질을 향상시켜 더는 건강을 해치지도 않습니다.

공짜로 빛을 만들어내는 축구공이라니! 정말 멋진 아이디어입니다. 하지만 약간의 의구심 역시 생깁니다. 추와 배터리 때문에 공이 무겁지는 않을까요? 공이 무겁다면 아이들이 아무리 축구를 좋아한다고 해도 그 공을 잘 이용하지 않을 텐데요. 그렇다면 공짜 빛이 생기는 축구공은 빛 좋은 개살구일 뿐이니 말입니다. 그러나 소켓볼은 기존의 축구공보다 겨우 1온스(28.35g) 정도 더 무겁습니다. 게다가 이 축구공은 방수성 있고 내부에 공기를 채우지 않아도 되는 구조라 오랫동안 사용할 수 있습니다.

현재 소켓볼은 개발자가 설립한 비영리업체 '언차티드 플레이(uncharted play)'를 통해 판매되고 있습니다. 그리고 개인이 구입한 공은 NGO 단체에 의해 저개발국에 전달됩니다.

전기가 필요 없는 냉장고

운동을 열심히 하고 난 뒤 땀이 쫙 흐를 때, 냉장고에 들어 있는 차가운 음료수 한 잔 들이켜면 그렇게 행복할 수 없죠. 하지만 전기시설이 미비한 아프리카 지역에는 냉장고가 존재하지 않습니다. 기온이 40℃가 넘어가 차가운 음료수는 고사하고 음식들이 쉽게 상하곤 하지요. 부패한 음식을 먹은 주민들은 당연히 질병에 취약할 수밖에 없습니다.

'항아리 냉장고(pot in pot refrigerator)'는 전기시설이 열악한 아프리카를 위한 냉장고입니다. 이름에서도 알 수 있듯이 작은 항아리를 큰 항아리에 넣는 간단한 구조인데요, 두 개의 틈 사이에는 모래를 채워 넣고 물을 부어줍니다. 마지막으로 작은 항아리 속에 농작물이나

항아리 냉장고

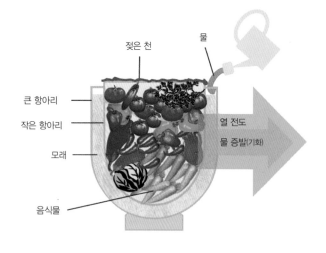

젖은 천
물
큰 항아리
작은 항아리
모래
음식물
열 전도
물 증발(기화)

항아리 냉장고의 원리

음식물을 넣고 젖은 천으로 덮으면 항아리 냉장고 완성! 이런 간단한 구조로 보통 이틀이면 상하는 음식을 3주 동안이나 보관할 수 있다고 합니다.

전기도 없이 3주간 신선함을 유지할 수 있다니! 이게 어떻게 가능한 일일까요? 물은 수증기가 되기 위해서는 열에너지가 필요합니다. 모래가 머금은 물이 항아리 내부의 열을 계속해서 흡수해 공기 중으로 증발하기 때문에 항아리 속 온도는 낮아집니다. 주기적으로 항아리에 물을 뿌려주면 항아리 속 온도를 항상 낮게 유지할 수 있습니다.

여기서 한 가지 더, 왜 하필 물일까요? 주위에서 쉽게 구할 수 있어서? 네, 물론 그런 이유도 있지만, 더 중요한 이유는 물 분자 사이의 결합(수소결합)이 다른 액체보다 특이하기 때문입니다. 수소결합은 다른 분자 간 결합보다 끊어내는 데 많은 열에너지가 필요합니다. 이를 '기화열이 높다'고 하는데요. 따라서 다른 액체보다 많은 열을 가지고 수증기로 날아가 좀 더 오랫동안 항아리 속을 차갑게 유지할 수 있는 것입니다.

안경 도수가 순식간에 바뀌는 마법

안경을 쓰거나 렌즈를 착용하는 분 있나요? 시력이 나빠 잘 보이지 않는데 안경도 없이 생활해야 한다면 어떨까요? 생각만 해도 참 답답할 것 같습니다. 우리는 이런 답답함을 간단하게 해결할 수 있지만, 흐릿한 세상을 당연하게 받아들이고 사는 사람들도 있습니다. 그 수가 무려 전 세계

10억 명에 달한다고 합니다.

　하루에 1~2달러로 살아가는 저개발국 사람들에게 안경은 사치품일 수밖에 없습니다. 비싼 돈 들여서 안경을 맞추고 싶어도 전문적으로 시력검사를 하는 검안사의 수가 매우 부족해 거주지 근처에서 자신에게 맞는 안경을 구입하기란 여간 어려운 일이 아니라고 합니다. 안경이 귀한 이들에게 세상을 또렷하게 본다는 것은 불가능한 일처럼 느껴질 것입니다.

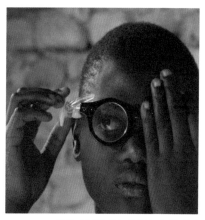

차일드비전의 도수 조절이 가능한 안경

　값싸고 검안사 없이도 쉽게 초점이 조절되며 한 번 구입해서 평생을 쓸 수 있는 그런 안경은 없을까요? 저개발국 사람들에게 또렷한 세상을 선물할 산타 할아버지 어디 안 계실까요? 산타 할아버지와 같은 기업이 있습니다. 바로 차일드비전(Child Vision™)입니다.

　차일드비전에서는 '스스로 도수를 조절할 수 있는 안경'을 개발했습니다. 우리는 과학시간에 근시일 경우 빛을 퍼뜨려주는 오목렌즈를, 원시일 경우 빛을 모아주는 볼록렌즈를 사용해야 한다는 것을 배웠습니다. 원시인 사람도 근시인 사람도 스스로 도수를 조절할 수 있는 안경이란 정말 가능할까요? 안경의 렌즈는 딱딱하기만 한데 그것을 어떻게 순식간에 조절할 수 있을까요?

　차일드비전은 이가 없으면 잇몸으로, 고체가 불가능하면 액체로 렌즈

를 만들면 된다고 생각했습니다. 안경의 양다리에 있는 액체를 주사기로 조절해 투여하면, 투명한 막 사이로 실리콘오일이 들어와 막의 볼록한 정도를 바꿀 수 있도록 만든 것이죠.

막을 통해 들어오는 빛의 굴절 역시 바뀌는데요. 이를 이용하면 오일을 얼마나 주입하느냐에 따라 안경도수를 언제든지 바꿀 수 있습니다. 또 실리콘오일은 증발이 잘 안 되어 안경을 한 번 구입하면 반영구적으로 사용할 수 있습니다. 이 안경의 가격은 15달러이지만 5달러 이하로 낮추기 위해 차일드비전은 부단히 노력하고 있다고 합니다.

스마트폰 속 안과 의사

백내장은 눈의 수정체에 있는 단백질이 엉키면서 색소가 쌓여 수정체가 뿌옇게 되는 질병입니다. 백내장으로 시력을 잃은 사람이 전 세계적으로 1,500만 명에 달한다고 합니다. 자외선에 오래 노출될수록 백내장 발병 확률이 높아지기 때문에 일조량이 높은 적도 근처에 사는 사람들에게 백내장이 특히 많이 발생한다고 합니다.

그런데 안타깝게도 이 지역에는 개발도상국들이 많이 모여 있습니다. 시력을 잃지 않기 위해서는 제때 진단을 받고 치료를 해야 하는데 개발도상국에는 의료 시설이 잘 갖춰지지 않아 안타까운 실정입니다. 안과에 가 본 분들은 알겠지만, 병원에는 눈 검사를 위해 크고 무거운 고가의 장비들이 많이 있습니다. 이런 기계가 개발도상국에 충분히 있을 리도 만무하고 장비가 설령 있다 할지라도 전기시설이 부족해 장비를 작동시키기 어려워 검안하기가 쉽지 않습니다.

런던대학교 연구팀은 누구나 간편하게 검안하는 방법이 없을까 고민했습니다. 그들은 케냐에서 핸드폰 구하기가 물을 구하는 방법보다 오히려 쉽다는 것에 착안해 새로운 방식으로 눈을 치료하는 방법을 모색했습니다. 그렇게 개발한 것이 바로 스마트폰 앱을 이용해 눈을 검사하는 '피크비전(peek vision)'입니다. 피크비전은 의료계에 종사하는 사람이라면 누구나 어디서든 눈을 치료해줄 수 있도록 도와주는 시스템입니다. 스마트폰 카메라를 눈에 가져다 대면 알아서 눈을 인식하고 검사해 준답니다.

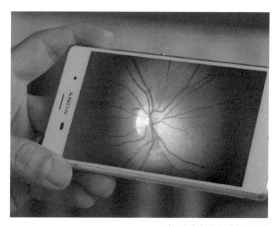
피크비전의 안과 진단 시스템

이를 이용하면 단순한 색맹 테스트나 시력검사 등을 할 수 있고 백내장까지도 찾아낼 수 있다고 합니다. 또한 스마트폰에 끼울 수 있는 보조 장치를 이용하면 동공 내부를 촬영할 수도 있습니다. 이는 수만 달러의 카메라로 찍은 것과 다를 것이 없음에도 불구하고 3D 프린트를 이용해 만들었기 때문에 5달러 정도의 저렴한 가격에 구할 수 있다고 합니다. 그럼 전기가 부족한 곳에서 스마트폰 충전은 어떻게 하는 걸까요? 배터리는 태양광으로 충전하기 때문에 야외에서 이동하는 동안 충전이 완료됩니다.

피크비전으로 이제는 비싼 의료장비와 지구 반대편에 있는 여러 명의 의사 선생님이 직접 개발도상국에 찾아가지 않아도 됩니다. 단 한 사람과

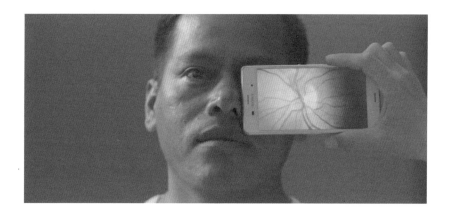

자전거 한 대, 그리고 스마트폰만 있으면 되지요. 어떻게 한 사람으로 가능하냐고요? 의사면허가 없어도 사람들의 눈 사진을 수집해 전 세계 의사들에게 와이파이로 정보를 보내면 진단이 가능하답니다. 스마트폰과 보조 장치, 그리고 충전 장치까지 모두 500달러 정도면 구할 수 있는데 이로써 수억에 달하는 검안 장치를 대체할 수 있게 된 것입니다.

적정기술만 연구하는 연구소

'디랩(D-Lab)'은 MIT의 적정기술연구소로 저개발국가의 지역사회 발전과 건강을 위해 힘쓰고 있습니다. 이 연구소에서는 경험적 학습, 현실에 꼭 필요한 과제, 그리고 지역사회가 이끄는 발전을 강조하며 여러 분야의 학문을 융합하는 수업을 진행하고 있습니다.

디랩의 수업이나 과제는 모두 저개발국가의 지역사회와 연결되어 있습니다. 브라질, 아이티, 우간다, 잠비아 등 여러 나라와 파트너를 이루어 진행하고 있지요. 또한 수업 외에도 저개발국가를 위한 여러 프로그램을 운영하고 있습니다. 특히 CCB(Creative Capacity Building)로 불리는 프로그램이 대표적인데 빈곤 속에 사는 사람들이 적정기술을 스스로 개발할 수

저개발국가의 지역사회와 연결해 여러 분야의 학문을 융합하는 수업을 진행하는 디랩

있도록 돕는 하나의 방법론입니다. 그들은 적정기술의 사용자만이 아니라 교육이나 교육기관의 지원을 받아 적정기술 개발자가 될 수도 있습니다. 필요하고 원하는 기술을 그들 스스로 직접 개발하고 생산한다면 개발자, 생산자라는 이름의 직업을 갖게 되고 그들이 만든 상품으로 소비를 이끌어내 지역사회의 경제를 활성화시킬 수 있습니다.

디랩은 주제별로 여러 리서치그룹으로 이루어져 있습니다. 몇몇을 소개하자면 다음과 같습니다.

바이오매스 연료와 안전한 취사용 스토브 그룹

저개발국가에서는 요리를 할 때 등유나 나무를 태우기 때문에 인체에 해로운 연기, 매연 등을 만들어냅니다. 또 나무를 베기 때문에 환경도 훼손되지요. 따라서 이 팀은 사람들의 건강을 지켜주는 깨끗한 바이오매스* 연료와 요리용 스토브를 개발하고 있습니다.

● 바이오매스
생물체를 열분해시키거나 발효시켜 만드는 메테인, 에탄올, 수소와 같은 연료.

모바일 기술 그룹

새로운 모바일 기술을 연구하는 팀으로, 여기서는 모바일로 몸과 마음의 건강상태를 체크하거나 과학적인 농업을 가능하게 합니다.

오프 그리드 에너지 그룹

저개발국가에서는 오프 그리드(off-grid) 에너지 시스템에 의존합니다. 오프 그리드란 저전압으로 구동되는 배터리 시스템입니다. 일반적으로 태양광 시스템이나 마을 한 곳에서 충전하는 배터리 시스템을 말합니다. 이 팀에서는 저개발국가들이 좀 더 효율적이고 편리하게 사용할 수 있는 오프 그리드 에너지 시스템을 개발하고 있습니다.

디랩의 경우 그들이 필요로 하는 것을 단순히 계속 공급해주는 것은 제대로 된 해결책이라고 생각하지 않습니다. 선진국의 지원이 끊긴다면 원래 상태로 돌아가기 쉽기 때문이지요. 따라서 지역사회 스스로 성장하고 생산하고 소비하도록 하는 장기적인 계획을 실현하기 위해 지금도 끊임없이 노력하고 있답니다.

위에서 다룬 적정기술 이외에도 많은 기업과 과학자가 더 나은 환경을 만들어가기 위해 기술 개발에 힘쓰고 있습니다. 또 많은 일반인도 기부를 통해 저개발국 사람들이 가난과 질병에서 벗어날 수 있도록 돕고 있지요.

세상에는 함께 살아간다는 의미를 깨닫게 해주는 가치 있는 과학기술이 많습니다. 여러분도 과학을 공부해 어려운 이들을 도울 수 있는 획기적인 발명품들을 만들어보세요. 저도 그 길에 동참하겠습니다.

지은지 | 연세대학교 신소재공학과 석박사통합과정에 있다. 학부부터 신소재공학과에서
공부를 이어 오고 있으며 그래핀을 포함한 이차원 물질에 대한 연구를 진행하고 있다.

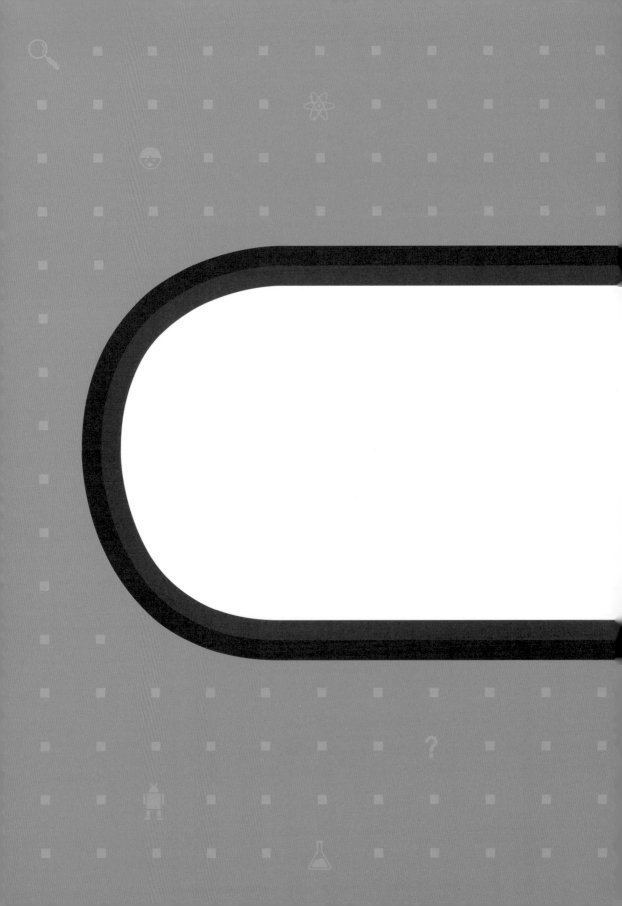

살금살금 다가가
만져보기

|과학 해부실험실|

막을 통해 에너지를 생산하고 이 중의 일부를 ATP로 저장하는 일을 하기 시작한 초기 물질은 이제 생명이라 불러도 될 만큼의 모양을 갖추게 됩니다. RNA도 좀 더 전문화되어 그중 일부는 단백질을 생산하는 공장의 컨베이어 벨트 같은 모습을 하게 되고(리보솜) 일부는 아미노산을 리보솜으로 데리고 오는 일꾼으로 전문화되기도 합니다. 이렇게 세포막과 RNA 그리고 리보솜과 효소의 삼박자가 갖추어진 물질이 지구 상에 등장하며 생명의 시작을 알린 것입니다.

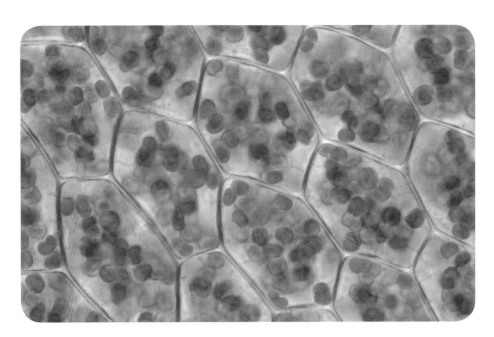

생명은 이렇게 시작되었다

| 박재용 |

지구 상에 생명이 시작된 것은 대략 38억 년 전쯤으로 여겨집니다. 어떤 이는 외계에서 생물의 씨앗이 운석을 통해 전해졌다고 하고, 어떤 이는 신(God)에 기대지만 과학자들은 지구가 온전히 스스로 생명을 만들어냈다고 생각합니다. 여기서는 초기 지구 환경에서 어떻게 생명이 시작되었는지를 설명하고자 합니다.

생명의 공통점 1 – 이중막으로 둘러싸인 세포

생명 또는 생명체란 무엇일까요? 살아 있는 것. 그렇다면 살아 있다는 것의 정의는 무엇일까요? 우리는 이 질문에 귀납적으로 답할 수밖에 없습니다. 지구 상에 사는, 그리고 살아 있었던 개체들의 모습에서 공통된 점을 모으고, 이를 분석해서 생명의 정의를 내리는 것입니다. 따라서 우리가 내리는 생명의 정의는 단지 '지구 상의 생명체'에 한정됩니다. 하지만 우리가 지구 상의 생명체를 대상으로 탐구하고 정의 내린 결론은 나름대로 보편성이 있는 것이라서 우주 전체로 확대할 때도 일정한 준거틀로 작용할 수 있으리라 생각됩니다.

그럼 지구에 살았던 그리고 현재에도 살고 있는 생명체들의 공통점은 무엇일까요? 생물학자들은 대략 세 가지를 꼽습니다.

첫째는 두 겹의 인지질로 된 막에 둘러싸인 세포로 이루어져 있다는 것입니다. 막은 생명체를 외부와 분리시켜 독자적인 메커니즘을 가지도록 해줍니다. 외부의 상황이 변할 때 이에 의한 피해가 최소화되도록 하고, 내부의 여러 시스템이 안정적으로 유지될 수 있도록 해주는 것이죠. 지금까지 확인된 어떤 생명체도 이러한 막을 가지고 있지 않은 것은 없습니다.

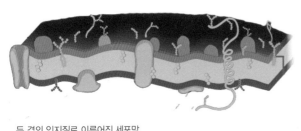
두 겹의 인지질로 이루어진 세포막

● 지질
지질은 물과 친하지
않은 소수성이다.

지구 상의 생명체들은 이 막을 인지질로 만듭니다. 이중으로 된 지질막은 외부의 물체를 선택적으로 통과시킵니다. 막의 양쪽 바깥으로는 지질[●]을 두고 막의 가운데로 인산기를 둔 이 세포막은 수용액 상태의 물질들이 물과 함께 드나드는 것을 막습니다. 그리고 군데군데 박혀 있는 단백질은 세포에 필요한 물질을 선택적으로 통과시키는 입구 역할을 합니다. 물론 세포막이 꼭 인지질이어야 할 이유는 없습니다. 다만 이때까지 인간에 의해 발견된 모든 지구 상의 생물과 그들의 화석은 모두 인지질로 된 세포막에 둘러싸여 있다는 것입니다. 언젠가 지구 외의 천체에서 생물체가 발견되었을 때 그들이 인지질로 된 막을 가지고 있을지는 알 수 없습니다. 하지만 '막'은 가지고 있을 것입니다. 그리고 그 막은 선택적 투과를 허용할 가능성이 대단히 큽니다.

막은 내부를 외부로부터 격리 보호하는 작용과 더불어 내부와 외부의 선택적 소통을 위한 도구입니다. 따라서 막은 반투과성이죠. 전투과성 막은 선택적으로 받아들이는 것이 불가능하고(세포벽은 전투과성) 불투과성은 소통할 수가 없습니다. 모든 생물은 외부로부터 보호받기 위한 최소한의 장치를 갖고 있어야 하고, 마찬가지로 외부와의 소통이 가능한 구조여야 합니다.

이는 생명의 본질과도 관련이 있습니다. 생명은 홀로 설 수 없고 끊임없이 외부와의 관계 속에서 존재합니다. 하지만 그 관계는 외부에 의해 결정되지 않고 막 내부의 사정에 의해 결정되어야 합니다. 따라서 이를 위한 도구로서의 막은 생명을 생명이게 하는 1차적 조건입니다.

생명의 공통점 2 – 번식

둘째로 번식(reproduction)을 한다는 것입니다. 즉, 자기와 같은 또는 유사한 개체를 만듭니다. 유성생식이든, 무성생식이든 모든 생명체는 번식을 합니다. 그러면 이러한 동일 형질의 개체를 만들기 위해 생명체는 무엇을 가지고 있을까요? 바로 유전정보를 담고 있는 RNA와 DNA입니다. 일부 바이러스(바이러스는 생명체와 무생명체의 경계선상의 물질로 취급받는다.)를 제외하고 모든 지구 상의 생명체는 당과 인산, 염기로 이루어진 DNA에 자신의 유전정보를 저장했다가 번식할 때 반보존적 복제●를 통해 이를 자식에게 물려줍니다. 바이러스조차도 DNA 조각이나 RNA 조각으로 자신과 유사한 복제물을 만들어냅니다.

하지만 번식이 생명체만의 특징은 아닙니다. 광우병의 원인이 되는 것으로 유명한 프리온 단백질●은 그 자체로는 생명이 아니지만, 주변의 다른 단백질을 자신과 같은 구조로 변형시킵니다. 하나의 프리온 단백질은 사람의 뇌와 척수에서 수백, 수천의 프리온 단백질을 만들어냅니다. 이

● 반보존적 복제
DNA복제 과정에서 새롭게 만들어진 DNA의 두 가닥 중 한쪽 사슬이 염기배열의 재료 교환 없이 보존되는 것을 말한다.

● 프리온 단백질과 바이러스
프리온 단백질은 단백질 덩어리일 뿐이다. 바이러스는 RNA와 DNA 합성 과정에 필요한 효소를 가지고 있다.

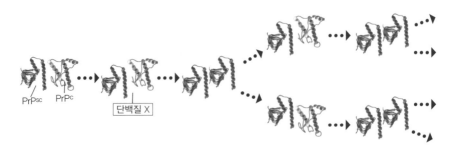

PrP^sc PrP^c   단백질 X

프리온 증식 모델

러한 자기 복제성은 프리온 단백질 외에도 많은 물질이 가지고 있습니다. 컴퓨터 프로그램 중에서도 자신과 동일한 알고리즘을 컴퓨터 내에서 복제하는 것들이 있습니다. 흔히 컴퓨터 바이러스라 불리는 것이 바로 이런 종류의 프로그램 중 하나죠. 광물질 중에서는 수정이 이런 모습을 보이는 대표적인 물질입니다. 수정은 일정 조건 속에서 재료가 되는 물질과 접촉하면 새로운 수정을 만듭니다(crystallization). 하지만 우리는 프리온이나 수정을 번식한다고 하지 않습니다. 물론 컴퓨터 프로그램도 마찬가지입니다.

수정의 자기 복제

　이 부분에 대해선 학자들 사이에 논란이 있을 수 있으나 일단 좁은 범위의 번식은 '물질대사'를 통한 번식이어야 한다는 것에 대부분 동의합니다. 즉, 자신의 내부에서 효소의 작용으로 번식에 필요한 물질을 합성할 수 있어야 한다는 뜻입니다. 수정도, 프리온도 여기에 해당되지 않습니다.

생명의 공통점 3 – 물질대사
셋째로는 물질대사를 한다는 점입니다. 모든 살아 있는 생명체는 자신을 유지, 생장시키고 번식시키기 위해서 많은 에너지와 물질을 필요로 합니다. 이를 외부에서 흡수하고 분해하고 가공하고 조립하는 모든 과정은 화학반응입니다. 이 화학반응들을 생물체는 대부분 자신의 몸속에서 해냅니다. 그런데 이런 과정을 우리가 화학 실험실에서 하려면 생명체와는 비교도 안 되는 높은 온도*, 큰 압력, 긴 시간이 필요합니다. 이것을 가능하게 해주는 것이 바로 생체 촉매, 즉 효소입니다. 효소는 단백질이 주된 성분인 물질인데 생물체의 몸속에서 온도·압력·pH의 조건이 갖춰지면 손쉽게 화학반응이 일어날 수 있도록 하는 생체 촉매입니다. 사람의 체온이 36.5℃를 잘 유지해야 하는 가장 큰 이유가 바로 이 효소의 작용이 원활하게 되도록 하기 위함입니다.

만약 지구 바깥에 생명체가 있다면 위에 열거한 세 가지를 갖추고 있을 것입니다. 물론 그들은 막이 인지질이 아닐 수도 있고, 효소의 주성분이 단백질이 아닐 수도 있으며, 핵산이 유전물질이 아닐 수도 있습니다. 하지만 막으로 된 '외부와의 격리, 물질대사, 그리고 번식'이라는 세 가지 요소는 어떠한 형태로든 갖추고 있을 것이라 여겨집니다.

● 예를 들어 포도당을 분해하는 데 우리의 인체는 36.5℃라는 온도면 충분하지만, 포도당을 열분해하기 위해서는 약 400℃의 온도가 되어야 한다.

생물과 무생물의 경계

인류가 화성에 무인 탐사선을 보낸 지 몇십 년이 흘렀습니다. 처음으로 보낸 탐사선을 기억하시나요? 바로 '바이킹호'였습니다. 그 바이킹호가 해야 할 가장 큰 임무가 화성에 생명체가 있는지를 확인하는 것이었죠. 이를 위해 탐사선에 실린 장치는 바로 물질대사의 결과물을 검사하는 장치였습니다. 이는 우리도 고등학생이 되면 생물 시간에 배우게 되는 실험입니다. 당시 나사(NASA)의 과학자들도 물질대사를 생명체의 가장 기본적인 기능이라 생각했던 것입니다.

한편 바이러스는 이러한 생명체의 특징 중 한 가지만 가지고 있습니다.

바이러스는 자신의 먹이가 되는 숙주 생체 내에서 필요한 효소를 빌려 자기에게 필요한 물질대사를 합니다. 바이러스는 DNA 혹은 RNA의 복제에 필요한 한두 가지 효소만 있고 다른 어떠한 효소도 없어서 독자적으로 물질대사를 할 수 없습니다. 또한 바이러스는 단백질 막으로 둘러싸인 DNA 혹은 RNA 덩어리로 된 단순한 구조로 이루어졌습니다. 이 단백질 막은 물질을 투과시키지 못하는 불투과성 막으로, 앞서 이야기했던 세포의 인지질 막과는 차원이 다릅니다.

이런 이유로 과학자들은 바이러스를 생물과 무생물의 경계라 여기고 있습니다. 아주 먼 과거의 어떤 생물이 환경에 적응하는 과정에서 자신의 유전정보를 번식시키는 기능 이외의 생물로서 가져야 할 나머지 모든 기능을 포기한 결과물이라고 여겨집니다.

최초의 생명에게 필요했던 것들

앞서 말했듯 지구에 사는 생명체들의 공통 요소는 인지질로 된 세포막, DNA와 RNA, 그리고 효소의 세 가지입니다. 최초의 생명은 이 세 요소를 가지고 있었을 것입니다. 물론 최초의 생명체가 단지 하나가 아니었을 개연성은 있습니다. 수많은 최초의 생명이 만들어졌지만 그중 현존하는 생명체의 공통 조상 하나를 제외한 나머지 생명체들은 진화의 과정에서 사라졌을 가능성이 큽니다.

이 세 가지 공통 요소가 동시에 만들어지지는 않았을 것이기에 어떠한 과정을 거쳐서 하나의 생명이 되었는지를 유추해보는 것도 꽤 흥미롭습니다. 일단 여기에서는 이 세 가지 재료가 어떤 것들이고 과연 생명체가 존재하기 전에 자연적으로 만들어질 수 있었는지에 대해 살펴보겠습니다.

인지질

인지질은 글리세롤과 하나의 인산기가 결합한 화합물입니다. 인산기 부분은 극성을 띠어, 쉽게 말해서 전기적으로 중성이 아니기 때문에 물과 손쉽게 결합을 할 수 있습니다. 물과 친하다 하여 친수성 부분이라 부릅니다. 반대쪽의 지방산은 소수성 부분이라고 하며 극성이 아주 약해 물과 친하지 않습니다. 기름이 물과 섞이지 않는 것과 같은 이치입니다.

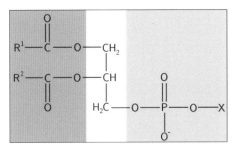

인지질의 구조

따라서 이런 인지질들이 물속에 여럿 있으면 물속을 떠다니다가 자기들끼리 물과 친하지 않은 소수성 부분들이 결합을 합니다. 오른쪽 그림처럼 소수성을 띠는 부분이 가운데 오고 양쪽에 친수성인 부분(오른쪽 그림의 빨간 부분)이 오는 이중막 형태를 자연스럽게 만들게 됩니다.

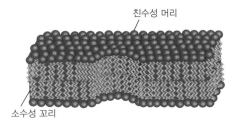

친수성 머리와 소수성 꼬리로 구성된 인지질

DNA

데옥시리보 핵산(Deoxyribo nucleic acid)은 세포 속에서 두 가지 역할을 합니다. 하나는 유전물질로서 번식의 핵심을 담당하고, 다른 하나는 생명체에 필요한 단백질 합성의 설계도 역할을 하는 것입니다.

DNA는 염기 1개와 인산이 데옥시리보스라는 당에 연결된 구조입니다. 이때 염기의 종류에 따라 네 가지로 나뉩니다. 아데닌, 티민, 구아닌, 시토신입니다. 진핵생물은 이러한 DNA가 핵 안에 보호되어 있고, 원핵생물은 세포질 내에 흩어져 있습니다. 이들은 가운데의 데옥시리보스당이 다른 DNA 분자의 인산과 결합을 하여 긴 띠를 형성할 수 있고, 나머

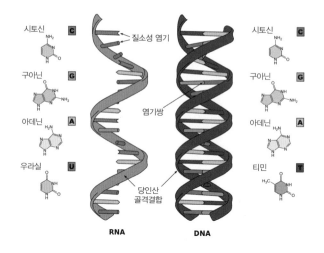

단일구조의 RNA(왼쪽)와 이중나선 구조인 DNA(오른쪽)

지 쪽의 염기가 반대쪽 띠의 염기와 수소결합을 하게 됩니다. 왓슨(James Watson)에게 노벨상을 주게 된 DNA의 이중나선 구조가 완성됩니다. 일단 DNA 분자들이 물속에 있기만 하면 자기들끼리의 인산과 당의 결합은 크게 어려운 일이 아니고, 이렇게 한쪽 띠가 구성되면 나머지 한쪽 띠는 자연스럽게 만들어집니다. 하지만 자연 상태에서 이런 DNA 구조가 만들어지기에는 무리가 있다고 보입니다. 하지만 DNA의 친척인 RNA는 DNA보다 조금 더 쉬운 녀석입니다.

RNA는 데옥시리보스당 대신 리보스란 당이 있다는 점과 염기 중 티민이 우라실로 대체된다는 점만이 DNA와 다른 점입니다. 하지만 이 차이로 인해 RNA는 이중나선 구조가 아니라 단일 구조를 띠게 됩니다. 이 RNA가 생명의 시초였을 거라 여기는 과학자들이 꽤 많이 있습니다.

여기서 중요한 것은 이들을 구성하는 염기와 인산, 그리고 리보스당과 데옥시리보스당은 일정한 조건만 주어진다면 생명체가 합성하지 않아도 자연적으로 만들어질 수 있다는 점입니다.

아미노산

효소는 단백질이 주성분입니다. 단백질은 효소뿐 아니라 호르몬이라든가 근섬유라든가 머리카락, 피부조직 등 여러 가지 생체 요소를 만드는 재료로 중요합니다. 이런 단백질은 아미노산이 기본 단위입니다. 아미노산은 일정한 조건만 주어지면 자연 상태에서 저절로 만들어지는데 이 일정한 조건이라는 것이 매우 범위가 넓어서 초기 지구라든가 혜성, 우주의 소천체 등에서 쉽게 만들어질 수 있습니다.

실제로 지구에서 발견된 여러 운석을 보면 이러한 아미노산들이 꽤 여럿 보입니다. 어떤 과학자들은 그래서 지구의 생명체가 우주로부터 왔다는 외계생명체 기원설을 주장하기도 합니다. (에이리언과 우리가 사실 형제였다고?!) 외계에 생명체가 있는지도 잘 모르겠고, 있다면 그 역시 어떤 시작점이 있었겠지만 과학자들의 그간의 연구는 이런 외계에서 유입된 아미노산은 현존하는 지구 생명체의 아미노산과는 다르다는 걸 보여줍니다.

아미노산은 같은 종류의 아미노산도 두 가지의 광이성질체[●]를 가지고 있는데 각각 L형과 D형입니다. 인간을 비롯해 지구 상의 모든 생물의 단백질은 모두 L형 아미노산으로 이루어져 있습니다. 우리가 섭취하는 모든 음식도 사실 다른 생명체이므로 고기든 쌀이든 땅콩이든 모두 L형 아미노산으로 이루어진 단백질입니다. 만약 우리가 D형 단백질[●]을 먹으면 소화가 되지도 않고 흡수를 할 수도 없습니다.

실험실에서 화학적으로 합성한 아미노산은 당연히 이 두 가지 형태가 모두 있고, 이를 이용한 약을 만들 때 가장 까다로운 부분이 바로 L형과 D형을 구분하는 것이기도 합니다. 그런데 운석에서 발견된 아미노산은 이 두 가지가 섞여 있는 형태이며, 따라서 외계 생명의 지구 이전설은 별 타당성이 없어 보입니다.

● 광이성질체
거울상 이성질체라고도 한다.

● 자연 상태의 생물 중 아주 극히 일부는 D형 아미노산을 가지고 있는 생물이 있다. 바로 청자고둥이다. 그렇다면 청자고둥이는 에이리언일까?

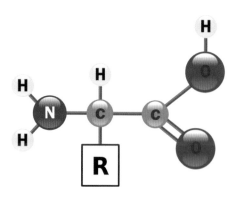

아미노산의 기본 형태

왼쪽 그림은 아미노산의 일반적인 모습입니다. 왼쪽의 H 2개와 N이 연결된 부분이 아미노기(amine基), 오른쪽의 C와 O, OH가 모인 것이 카르복시산(carboxylic acid)입니다. 이 둘의 이름을 합쳐서 아미노산(amino acid)이라 이름을 붙인 것입니다. 가운데 C 아래의 $\boxed{R}$은 다양한 원자나 원자단이 붙는데 이에 따라 아미노산의 종류가 달라집니다. 우리의 몸을 구성하는 데는 20가지의 아미노산이 필요합니다. 이 중 12가지는 인체 내에서 합성이 가능하지만 8가지는 합성이 되지 않아 음식물로 섭취해야 합니다. 이를 필수 아미노산이라고 부릅니다.

왼쪽의 아미노산과 오른쪽의 카르복시산은 각각 다른 아미노산의 카르복시산, 아미노산과 펩티드 결합이라는 것을 할 수 있습니다. 이렇게 여러 개의 아미노산이 연결된 것을 폴리펩티드라고 합니다. 마찬가지로 일정한 조건이 되면 자연스럽게 만들어질 수 있습니다. 그리고 이런 조건은 초기 지구에서 당연히 만들어졌습니다.

$$ R-\overset{\displaystyle O}{\underset{\displaystyle OH}{C}} \;+\; \overset{\displaystyle H}{\underset{\displaystyle H}{N}}-R' \;\longrightarrow\; R-\overset{\displaystyle O}{\underset{\displaystyle H}{C}}-N-R' \;+\; H_2O $$

펩티드 결합

결국 생명을 만드는 재료는 초기 지구의 조건에서 충분히 갖추어져 있었다고 볼 수 있습니다.

생명의 시작

생명의 시작에 가장 필요한 것 세 가지는 인지질로 된 세포막과 효소, 그리고 DNA와 RNA라고 했습니다. 그리고 그 세 가지를 만드는 재료는 인지질(세포막의 재료), 아미노산(단백질의 재료) 인산기와 5탄당 그리고 염기(RNA와 DNA의 재료)입니다. 초기 지구의 조건으로 이러한 재료는 풍부하게 만들어진 듯합니다.

화석의 흔적을 보면 최초의 생명은 최소한 39억 년 전에 출현했습니다. 그 당시의 지구의 상황을 대충 그려보자면, 아직 연약한 지각은 매일 끝도 없이 일어나는 화산 활동으로 너덜너덜해진 상태였을 겁니다. 화산에서 나오는 화산 가스는 황화가스와 이산화탄소 수증기가 대부분을 차지하고 있었고, 뜨거운 지구는 끊임없이 물을 증발시켜 수증기를 만들었습니다. 하늘을 덮은 먹구름에서는 시도 때도 없이 벼락이 치고 있었습니다. 산소는 거의 없었지요. 어쩌다 물이 분해되면서 생기는 산소는 공기 중의 다른 가스와 결합하거나 지각에 포함된 여러 성분과 합쳐져서 사라지기 바빠 대기 중에 남아 있을 겨를이 없었습니다.

이런 상황을 염두에 두고 미국의 과학자 밀러(Stanley Miller)가 실험을 했습니다. 당시 대기 상황과 흡사한 공기 조성을 한 플라스크에 물을 좀 넣고 며칠 동안 전기 스파크를 팍팍 일으킨 것입니다. 일주일 뒤 플라스크를 열어 살펴보니 아미노산과 여러 가지 유기 화합물이 새로 만들어졌다고 합니다. 1950년대에 이루어진 실험이었습니다.

사실 그 이전에 1920년대 소련(러시아가 아니라)의 과학자인 오파린(Oparin)이 이런 과정을 통해 최초의 생물이 만들어졌을 거란 예상을 했습니다. 이를 밀러가 실험을 통해 확인한 것입니다.

하지만 이런 재료가 있다고 바로 생명체가 만들어지진 않습니다. 밀가루와 버터와 계란과 물이 있다고 맛있는 빵이 저절로 만들어지지 않는 것과 같은 이치입니다. 그러나 맛있는 빵을 만들기 위해서는 제빵사가 필요하지만 초기의 지구에서 세포가 만들어지기 위해 하늘에 계시는 신(God)을 소환할 필요는 없습니다. 바로 자연이 그런 일을 해주기 때문입니다.

40억 년 전 지구의 바다는 많은 유기화학물들이 걸쭉하게 혼합된 상태였지요. 이런 상태를 재현해놓고 다시 실험을 했습니다. 물에 바다의 염류와 비슷한 물질을 넣고 아미노산과 지질, 핵산 등을 넣고 가만히 며칠두고 본 것입니다. 며칠 뒤 보니 유기화합물들이 서로 엉켜서 작은 막을 형성했을 뿐 아니라 동일한 구조로 복제하는 것을 관찰할 수 있었습니다. 이 막을 마이크로스피어(microsphere, 아미노산 중합체)라고 합니다.

단백질과 DNA

지금까지 막의 구조가 여러 형태로 자연스럽게 만들어지는 것을 확인했고, 아미노산끼리 여러 개가 모인 폴리펩티드가 만들어지는 것도 관찰했습니다. 핵산도 몇 개씩 눈에 띄었죠? 그런데 아직도 남아 있는 과정이 있습니다. 효소를 만들려면 단백질이 있어야 하는데 단백질을 만들기 위해서는 단백질 합성에 필요한 설계도인 DNA가 있어야 합니다. 그런데 DNA를 만들기 위해서는 단백질로 된 효소가 필요합니다. 서로 꼬리를 물고 있는 모습이죠. 효소는 DNA가, DNA는 효소가 필요합니다. 누군가 "에잇, 여기 DNA랑 효소 한 다발 줄게!" 하고 주면 얼마나 편할까요? 하지만 과학자들은 그리 편한 방법을 선호하지 않습니다.

현재까지 밝혀진 것을 종합할 때 RNA가 먼저 나타났을 거라고 추정됩니다. DNA는 이중나선 구조라 자연적으로 만들어지기가 어렵고 단백질은 자기 복제 능력이 부족*합니다.

하지만 RNA는 자연 속에서 핵산끼리의 결합을 통해서 충분히 만들어

● 단백질이 자기 복제를 아예 못하는 프리온이라는, 광우병을 일으키는 단백질은 사람의 몸속에서 신경세포의 단백질을 자신과 같은 구조로 바꾸어 복제한다.

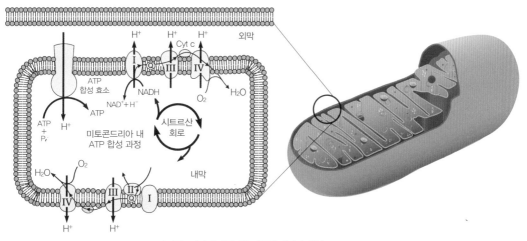

미토콘드리아의 이중막을 이용한 에너지 생산

질 수 있고, 그렇게 만들어진 RNA 중 특정한 RNA는 단백질을 만드는 설계도로 쓰이면서도 자기 자신을 복제할 수도 있습니다.

이제 대충 그림을 그려볼 수 있습니다. 유기화합물이 가득한 초기 지구의 대양에서 지질의 막을 가진 물체들이 생겨납니다. 이 중 인지질로 된 막을 가진 물체가 바다를 떠다니다가 우연히 RNA를 포획합니다. 이 RNA는 스스로를 복제하면서 동시에 막 내부에서 단백질을 생성합니다. 지질로 된 막은 외부로부터 유기화합물을 끊임없이 빨아들여서 RNA가 단백질을 만들고 스스로 복제하도록 하면서, 동시에 이렇게 만들어진 단백질과 RNA가 흩어지지 않도록 가두는 효율적인 기관입니다. 그리고 지질 자체가 분리되면서 2개, 3개로 나뉩니다. 일종의 번식이 시작된 것입니다. 이 정도면 꽤 진도가 나간 것이지만 아직 생명이라고 부를 순 없습니다. 왜냐고요? 에너지가 빠져 있기 때문입니다. 이제 이렇게 만들어진 단백질 중 일부가 효소로서 작용을 합니다. 그중 가장 중요한 단백질 효소는 물을 분해하거나 황화수소를 분해해서 수소 원자를 얻고 이 수소 원자의 핵과 전자를 분리해서 양성자를 세포막 바깥으로 내놓는 일을 하는 효소입니다. 이 효소가 등장하면 생명은 막을 이용한 에너지 전달이 가능해집니다.

물론 초기의 막이 꼭 지질일 필요는 없습니다. 많은 과학자가 초기의 막은 무기질로 된 격자 구조의 막일 것이라 예상하기도 합니다. 그중에서도 바다 깊은 곳의 열수공(hydrothermal vent)● 주변에서 만들어지는 황화철 등의 무기질 격자가 생명의 시작이라고 주장하는 사람도 있고, 지하 깊은 곳의 암석 표면에서 시작되었다고 주장하는 사람들도 있습니다. 또는 햇빛이 겨우 비치는 해저 근처에서 시작했을 거라 주장하는 사람도 있습니다. 바닷물 표면에서 생명이 시작되었을 것이라는 주장도 있지만 이 주장은 받아들여지지 않는 분위기입니다. 자외선이 강했던 초기 지구에서는 아무리 고분자화합물이라도 안정된 모습을 유지하기 쉽지 않았을 테니까요.

자, 이렇게 막을 통해 에너지를 생산하고 이 중의 일부를 ATP로 저장하는 일을 하기 시작한 초기 물질은 이제 생명이라 불러도 될 만큼의 모양을 갖추게 됩니다. RNA도 좀 더 전문화되어 그중 일부는 단백질을 생산하는 공장의 컨베이어 벨트 같은 모습을 하게 되고(리보솜) 일부는 아미노산을 리보솜으로 데리고 오는 일꾼으로 전문화되기도 합니다. 이렇게 세포막과 RNA, 그리고 리보솜과 효소의 삼박자가 갖추어진 물질이 지구상에 등장하며 생명의 시작을 알린 것입니다.

지구가 생기고 몇억 년이 지나지 않은 때, 아직 지각 곳곳에서 땅이 갈라지고 마그마가 분출하던 시기, 하늘에선 아직도 간간이 운석이 떨어지고 대기에 산소라고는 없던 38억 년 전 그곳에서 생명은 이렇게 시작되었습니다.

● 열수공
자뜨거운 물이 해저의 지하로부터 솟아 나오는 구멍.

박재용 | 과학책을 쓰고 강연한다. 『멸종 생명진화의 끝과 시작』, 『짝짓기 생명진화의 은밀한 기원』, 『경계 배제된 생명들의 작은 승리』를 썼고 〈생명 40억 년의 비밀〉, 〈서양과학사〉, 〈과학 인문학에 묻다〉 등의 강연을 하고 있다. ESC(사단법인 변화를 바라는 과학기술인 모임)의 과학문화소위원회 위원이기도 하다.

여러분이 생각하는 잠을 자는 이유는 무엇인가요? 우리는 왜
잠을 자야 하는 걸까요? 아니, 그보다 앞서 우리가 잠을 자는
이유에 대해 알아야 하는 이유는 또 뭘까요?

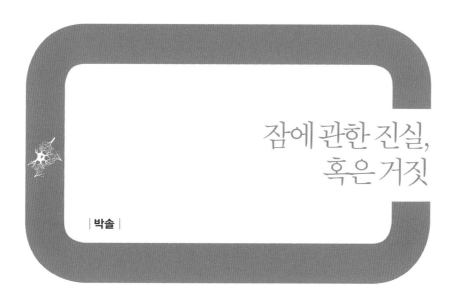

잠에 관한 진실, 혹은 거짓

| 박솔 |

■　우리는 어느 때 가장 평온해질까요? 아니 질문을 달리해보겠습니다. 언제 가장 자유롭게 쉴 수 있나요? 잠을 잘 때가 아닐까요? '그냥 푹 쉬고 싶다'라든가, '잠이나 푹 잤으면 좋겠다'고 말할 때가 종종 있지요. 잠은 바로 우리 몸이 보내는 신호입니다. 여러분은 하루에 몇 시간 자나요? 어떤 분들은 잠을 자는 게 시간 낭비라고 생각하지요. 정말 그럴까요? 잠이 우리 몸과 정신, 일상에 어떤 영향을 미치는지 한번 알아보기로 해요.

아이가 가장 예뻐 보일 때는?

아이를 둔 부모에게 자녀가 언제 가장 예뻐 보이는지를 물으면 열에 여덟, 아홉 분은 아이가 잠잘 때라고 대답할 것입니다. 한창 뛰어다니며 한시도 쉬지 않고 말썽을 피우는 개구쟁이 아이뿐 아니라, 책상 앞에 온종일 앉아 열심히 공부하는 나이의 자녀라도 편안히 잠든 얼굴을 보면 사랑스러운 마음이 든다고 합니다. 심지어 다 자라 성인이 되어 독립하거나 결혼을 한 자녀라도 그렇게 대답하는 부모가 꽤 많습니다. 이렇게 생각하는 사람이 어디 자녀를 둔 부모들뿐일까요? "잠자는 모습이 가장 예뻐요"라는 말은 사랑하는 연인 사이에서도 자주 들을 수 있는 말이지요.

왜 사랑하는 사람과 눈을 마주 보고 이야기할 때가 아니라 사랑하는 사람이 잠들어 있을 때 가장 예뻐 보인다고 하는 걸까요? 한창 뛰어다니고 말썽을 피우는 개구쟁이 자녀를 둔 부모는 조용히 잠든 아이의 모습이 매우 사랑스러워 보인다고 합니다. 일주일 내내 회사에서 열심히 일하다 보면 부모는 늘 지쳐 있고 휴일에는 쉬고 싶기만 하지요. 그런데 아이들은 절대 지치는 법이 없어요. 아무리 아이가 예쁘고 사랑스러워도 피로로 지친 부모는 아이가 만족할 때까지 함께 놀아주기란 쉽지 않습니다. 따라서 자연히 아이가 편안한 얼굴로 자고 있으면 힘들게 더 놀아주지 않아도 된다는 안도감에 예쁘다는 생각이 듭니다. 그렇다고 아이와 놀아주는 것이 힘들어서 그런 것만은 아닙니다. 아이들은 위험한 상황을 잘 감지하지 못하기 때문에 매 순간이 일촉즉발, 위험한 상황이 될 수 있습니다. 그래서 부모는 아이가 어릴수록, 활동량이 많을수록 한시도 아이에게서 눈을 뗄 수 없지요. 그런 아이가 자신의 품에 안겨 가만히 자고 있

으면 노심초사할 필요가 없으니 그 모습이 얼마나 예뻐 보이겠습니까?

온종일 책상 앞에 앉아 열심히 공부하는 자녀가 곤히 단잠을 자고 있으면 그 모습 또한 대견하고 안쓰러워서 예뻐 보일 것입니다. 청소년기에 있는 아이라면 자라면서 자아가 강해지고 사춘기가 시작되어 부모와 대립하는 일이 잦아집니다. 이때는 자녀들의 신경이 날카로워지고 불평, 불만이 늘어나지요. 여러분도 괜스레 부모님께 짜증을 내고 자주 다퉜던 경험이 있지요? 이런 상황에서 부모는 조용히 잠든 자녀의 얼굴을 보면 아이가 더 어렸을 때도 생각나고, 다툴 때 심한 말을 했던 일도 미안해지면서 화가 누그러지고 아이가 사랑스러워 보인다고 합니다.

잠든 모습은 왜 사랑스러워 보일까?

이번에는 부모님이 아닌 여러분의 입장에서 한번 생각해볼게요. 사랑하는 부모님이 주무시는 모습을 본 적이 있나요? 기분이 어땠나요? 많이 보지 못했다고요? 그럼 어린 동생이나 집에서 키우는 귀여운 강아지가 자는 모습을 본 적은요? 그때는 어떤 생각이 들었나요? 아마 '예쁘다', '사랑스럽다', '귀엽다', '천사 같다'와 같은 생각을 했을 것입니다. 이걸 보면, 부모님이 잠든 자녀를 보며 '예쁘다'고 느끼는 이유를 짐작할 수 있을 것입니다.

보편적으로 우리는 누군가 자고 있는 모습을 보면 '예쁘다'는 생각을 하게 되는 것 같습니다. 누군가가 잠들어 있는 모습을 보면 왜 예쁘다는 생각을 하게 될까요?

가끔 뉴스에 '꿀잠 자는 강아지'가 소개되기도 합니다. 뉴스가 아니더라도 인터넷 동영상 사이트에서 귀여운 강아지나 고양이의 잠자는 모습을 본 적이 있을 것입니다. 그런 동영상은 하나같이 조회 수도 엄청나게 높습니다. 강아지나 고양이도, 사람도 다 밤이 되면 잠을 자고 아침이 되면 일어나는데 잠을 자는 것이 뭐가 대단해서 뉴스에 나오고 동영상도 찾아보는 것일까요? 그리고 '잠'이면 잠이지 '꿀잠'은 또 뭘까요? 깊은 잠에 빠지면 꿀처럼 달콤한 기분을 느낀다고 해서 '꿀잠'이라는 표현이 만들어졌다고 합니다.

사람에게는 본능적으로 '잠을 잘 자는 것'에 대한 끌림이 있는 것은 아닐까 추측해봅니다. 깊은 잠에 빠져 있는 모습을 보면 예쁘다는 생각이 들고, 마음이 편해지면서 나도 저렇게 푹 자고 싶다는 생각을 하면서 기분이 좋아지니까요. 또 단순히 '잠을 자는 행위' 자체에 끌리는 것도 맞는 것 같습니다. 스트레스를 받으면 잠을 푹 자면서 스트레스를 푼다는 사람도 매우 많으니까요.

우리는 왜 자는 걸까?

그렇다면 우리는 왜 자는 걸까요? 우리는 나도 모르는 새에 스르르 잠에 빠져듭니다. 잠을 자는 동안은 주변에서 무슨 일이 일어나는지도 잘 알 수 없을 정도예요. 사실 잠을 자는 이유에 대해서는 과학적으로도 여러 가지 의견이 있습니다. 잠을 자는 이유가 딱 한 가지만은 아니라는 이야기지요.

가장 쉽게 떠올릴 수 있는 이유는 '쉬기 위해서'입니다. 피곤하다고 느끼면 잠을 자면서 피로를 풀고 에너지를 얻는 것이지요. 하루, 아니 일생을 통틀어 가장 오랜 시간 동안 푹 쉴 수 있는 시간은 바로 잠자는 시간입니다.

우리 몸에 쌓인 노폐물을 제거하기 위해 잔다고 보는 사람들도 있습니다. 낮 동안 우리가 활발히 움직이면서 몸과 머리를 사용하는데, 그 과정에서 노폐물이 발생한다는 것이죠. 이 노폐물들이 너무 많이 쌓이고 제대로 처리되지 못하면 건강이 안 좋아지니 이것들을 처리하여 몸 밖으로 배출시킬 준비를 잠을 자는 동안 한다는 것입니다. 과연 정말 그럴까요? 잠을 푹 자고 난 다음 날 아침에 배변이 잘 되는 것을 보면 왠지 그럴듯하게 들리기도 합니다.

또 어떤 사람들은 낮 동안 배운 것을 기억하기 위해 잠을 잔다고도 합니다. 깨어 있는 동안 공부한 것들과 경험한 것들을 자는 동안 머릿속에 저장하는 시간인 것이죠.

그 밖에도 다양한 가설이 있지만, 잠을 자야만 하는 정확한 이유, 우리가 저절로 잠에 빠져들게 되는 이유는 아직 알지 못합니다. 그 모든 가설이 다 맞을 수도 있고, 그중 몇 가지는 맞고 몇 가지는 틀린 것일 수도 있습니다.

한 가지 명확한 사실은 우리는 꼭 잠을 자야 하는 존재라는 것입니다. 인간뿐 아니라 동물도 대부분 잠을 잡니다. 이걸 보면 잠은 생물이 생존하는 데 꼭 필요한 활동인 것은 분명하다는 걸 알 수 있습니다.

여러분이 생각하는 잠을 자는 이유는 무엇인가요? 우리는 왜 잠을 자야 하는 걸까요? 아니, 그보다 앞서 우리가 잠을 자는 이유에 대해 알아야 하는 이유는 또 뭘까요?

우리는 모두 잠을 자지 않고는 살 수 없습니다. 그리고 일생의 대부분을 자면서 보내기도 하고요. 따라서 잠에 대해 잘 알고 이해하면 더 잘

자거나, 수면 시간을 조절할 수도 있게 될 것입니다.

15,864분 동안 깨어 있기

'잠을 자지 않고 살 수는 없을까?' 이런 생각을 해본 적 있나요? 아침에 일어나서 학교에 가야 하는데 너무 졸리고 잠이 깨지 않을 때나 시험 기간에 밤을 새워 공부해야 할 때 한 번쯤 '잠을 안 자고 살면 얼마나 좋을까?' 하는 생각했을 것입니다. 어디 공부할 때뿐인가요, 친구들과 신나게 놀 때, 재미있는 책을 읽느라 밤을 새우고 싶을 때도 '잠을 자지 않고 살 수 있다면……' 하고 생각해봤을 것 같습니다.

정말 잠을 자지 않고도 살 수 있을까요? 잠을 자지 않으려고 버텨본 경험이 있다면, 얼마나 오랫동안 잠을 자지 않고 버텨보았나요?

전 세계를 통틀어 지금까지 가장 오랫동안 잠을 자지 않고 버틴 기록은 11일 하고도 24분입니다. 기네스에 '세계에서 가장 오랫동안 밤을 새운 기록'으로 올라가 있기도 합니다.

이 기록의 주인공은 미국의 랜디 가드너(Randy Gardner)라는 사람인데요. 1964년에 이 기록을 세웠습니다. 랜디 가드너는 당시 16살의 소년이었고 잠을 자지 않고 버티기 위해 어떠한 기계장치나 자극도 사용하지 않고 온전히 맨몸으로 11일 하고도 24분에 걸쳐 밤을 새웠습니다.

혹시 눈을 뜨고 잠이 들었는데, 60년대의 과학기술로는 그것까지 구분할 수 없었던 것은 아니냐고요? 50년 전에도 이런 질문을 던진 사람이 많이 있었을 것 같습니다. 랜디 가드너의 밤새기 기록

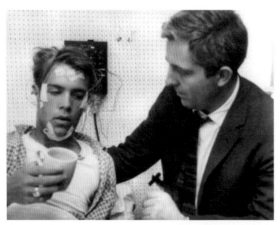

가장 오랫동안 깨어 있기 기록을 세운 랜디 가드너

은 정확하게 뇌의 활동 상태를 측정한 결과, 잠을 자지 않은 것으로 인정받은 기록이랍니다.

잠이 든 것인지 완전히 깨어 있는 상태인지를 측정하는 방법은 생각보다 매우 간단합니다. 뇌를 이루고 있는 세포들은 전기적인 신호를 만들어 서로

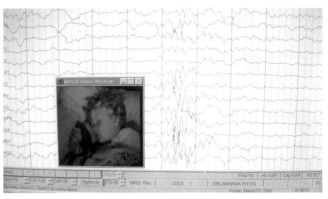

수면 중 뇌전도 신호 측정

소통을 합니다. 그리고 이 전기 신호들은 신호를 주고받는 세포 사이에서만 느낄 수 있는 것이 아니라 멀리까지 퍼져 나갑니다. 마치 연못에 돌을 던지면 물결이 돌멩이가 떨어진 지점에서만 이는 것이 아니라 땅과 맞닿아 있는 연못가까지 퍼져 나가는 것처럼요. 물론, 뇌의 깊은 영역에서 발생한 신호라면 두피에서 느껴지는 세기가 매우 약하긴 합니다. 연못이 아니라 큰 강 한가운데로 돌멩이를 던지면 강가에 도달하는 물결의 세기가 훨씬 약해지는 것과 마찬가지입니다.

뇌의 이곳저곳에서 발생한 신호들은 발생한 장소와 신호 자체의 특성에 따라 조금씩 다른 형태로 두피까지 전달됩니다. 수많은 신호는 두개골을 지나 두피 표면까지 전달되는데 이 신호를 뇌전도(EEG, electroencephalogram)●라고 합니다. 뇌전도 신호를 측정하면 뇌가 잠든 상태인지 깨어 있는 상태인지 구분할 수 있습니다. 깨어 있는 동안에는 뇌가 좀 더 활발하게 활동하고, 잠이 든 상태에서는 뇌의 활동이 전반적으로 줄어들기 때문에 신호의 세기가 달라집니다. 이 신호는 두피 표면에 작은 전극 패치를 부착함으로써 손쉽게 측정할 수 있습니다. 뇌전도 신호를 측정하는 방법은 1937년 미국인 과학자 디멘트(William C. Dement) 박사가 최초로 개발했습니다.

● 뇌전도

머릿골 신경세포가 발생시키는 전기적 신호로, 다른 말로 뇌파(brainwave)라고도 한다.

자지 않으면 무슨 일이 일어날까?

자, 다시 랜디 가드너의 이야기로 돌아가 보겠습니다. 랜디 가드너는 11일 하고도 24분 동안 잠을 자지 않고 버텼습니다. 그럼 11일 24분의 밤새기가 끝난 뒤 랜디 가드너에게는 무슨 일이 일어났을까요? 밤새기 도전이 끝난 직후 랜디 가드너는 무려 14시간 40분 동안이나 잠을 잤다고 합니다. 이렇게 한나절이 넘게 잠을 잔 이후에도 며칠 동안 10시간 가까이 잠을 잤다고 하네요.

왠지 이 이야기가 익숙하게 느껴지지 않나요? 시험기간이라서 며칠 동안 밤잠을 안 자고 공부했다가 시험이 끝나고 한나절 가까이 잠을 몰아 잔 경험을 한 번쯤 해보았을 것입니다. 왜 이런 일이 일어나는 걸까요? 바로 잠에 '빚'을 지기 때문입니다.

성인을 기준으로 모든 사람은 하루에 7~8시간 정도의 잠을 자야 합니다. 물론 개인차가 있긴 하지만, 이 기준량을 채우지 못하면 피곤해서 어떻게든 부족한 잠은 반드시 다시 채우게 됩니다. 그런데 이때 빚으로 쌓인 잠은 실제로 부족한 잠의 양만큼 잠을 더 잔다고 해서 해결되지 않는 것이 문제입니다. 예를 들어 어느 날 평소보다 세 시간 정도 잠을 못 잤다고 하면 이 빚을 갚기 위해서는 세 시간보다 더 오래 잠을 자야 한다는 거죠.

또한 제대로 수면을 취하지 못하면 인지력이나 판단력 등이 떨어지는 경우도 있습니다. 이러한 때는 판단력, 욕구 조절 능력, 주의력, 반사력 등 주변 환경의 자극에 적절한 반응을 할 수 없게 됩니다. 감각과 운동이 불균형을 이루게 되는 것이죠. 특히 뇌의 기능이 떨어져 기억력이 떨어집니다. 학습 능률을 떨어뜨리는 것은 말할 것도 없겠지요. 따라서 수험생이라고 하더라도 반드시 충분한 수면을 취해야 합니다.

잠을 제때, 충분히 자지 않는다고 해도 바로 사망하는 것은 아닙니다.

하지만 그때그때 잠을 충분히 자지 않으면, 누구라도 '잠의 빚쟁이'가 됩니다. 수면이 부족하면 면역력이 떨어져 질병에 쉽게 노출되거나 정상적인 생활을 지속할 수 없게 될 것입니다. 그렇게 되면 '정상적으로', '건강하게', '오래' 살 수 없다는 건 너무나도 당연하고요.

잠의 기억, 꿈

그럼 기왕 자는 잠, 내 마음대로, 더 쾌적하고 편안하게 잘 수 있다면 어떨까요? 아무리 할 일이 많고 밤하늘이 아름답다고 해도, 또 TV에서 절대 놓칠 수 없는 재미난 프로그램이 새벽 2시에 방송된다고 해도 잠이 들어 놓치는 일은 없을 텐데요.

잠은 무의식적인 상태로 들어가는 것이라고 보기도 하는데 어떻게 잠을 '마음대로' 잔다는 것인지 의아할 겁니다. 하지만 한번 잘 생각해보세요. 여러분이 잠을 자는 동안에도 기억이 만들어집니다. 잠자는 동안에 있었던 일 중 무엇이 기억나나요?

여러분이 생각하는 소리가 다 들리는 것 같네요. 네, 맞습니다. 바로 꿈을 꿉니다. 잠을 자는 동안 모든 사람은 꿈을 꿉니다. 다만 깨어났을 때 꿈을 기억하느냐 못 하느냐의 차이가 있을 뿐이지요.

여러분이 최근 꿨던 꿈은 무엇인가요? 생각나는 꿈은 대부분 무섭거나 아주 강렬한 느낌을 준 것이 대부분일 것입니다. 높은 곳에서 떨어진다든지, 무서운 대상에게 쫓긴다든지, 아주 낯선 곳에 혼자 떨어진다든지 하는 바람에 깜짝 놀라 잠에서 깨기도 하지요. 왜 꿈은 늘 이렇게 깜

피에르 퓌비 드 샤반의 〈꿈〉

짝 놀랄 일들로 이뤄져 있을까요? 영화 〈인사이드 아웃〉을 보면 주인공인 라일리의 머릿속에 라일리가 자는 동안 꾸게 될 꿈을 제작하는 '꿈 제작소'가 등장합니다. 실제로 우리 머릿속에도 이와 같은 꿈 제작소가 존재할까요?

라일리의 꿈에서는 평범한 교실, 평범한 일상이 펼쳐지지 않습니다. 라일리가 꿈에서 수업시간에 발표하려고 자리에서 일어났을 때 '바지를 입고 오지 않았다'며 반 친구들이 수군거리기 시작합니다. 실제로 이런 일이 일어난다면 정말 끔찍할까요? 왜 평범하게 교실에 앉아 수업을 듣고 있는 순간이라든지 따뜻한 햇볕을 받으며 잔디밭에 누워 편안하게 쉬는 장면이 나오는 꿈은 꿀 수 없는 걸까요?

우리가 꿈을 꾸는 이유에 대해서는 과학자마다 의견이 다릅니다. 다양한 설명 중 가장 많이 얘기되는 것이, 머릿속에 그날 하루 동안 경험한 일들이 조각조각으로 흩어져 저장되어 있는데, 그 흩어진 조각의 기억들을 한 데 잘 정리하고 모으는 과정에서 꿈을 꾸게 된다는 설명입니다. 그리고 이때 불러 모으는 조각들은 실제 경험일 수도 있지만, 상상했던 것일 수도 있다고 여겨집니다.

눈으로 보고, 귀로 들으며, 몸을 움직이며 생활하는 이상, 우리는 늘 새로운 기억을 만들 수밖에 없습니다. 그래서 매일 밤 잠자리에 들면 뇌는 바쁘게 그날 만들어진 새로운 기억들을 정리하죠. 아무런 경험도, 기억도 생기지 않는 날이란 없겠지요. 사소한 일이라도 하루하루 우리는 무언가 하고 있으니까요. 그렇기 때문에 우리 뇌는 단 하룻밤도 쉬지 않고 기억 조각을 정리하는 일을 합니다. 즉, 우리는 매일 밤 꿈을 꾼다는 말이 되지요.

앞에서도 말했듯 우리가 매일 꿈을 꾼다는 것은 사실입니다. 다만 그 꿈을 기억하느냐 못하느냐의 문제인 것이죠. 잠을 자는 동안 우리의 의식

상태는 매우 약한 상태입니다. 이 말은 우리가 의식적으로 뇌가 재생시키는 영상이나 어떤 기억을 감지하지 못한다는 뜻입니다. 의식적으로 느끼지 못한다면 그 기억은 우리가 나중에 자유롭게 꺼낼 수 없고요.

무섭고 신기한 꿈만 기억나는 이유

깨어 있는 상태일 때 우리는 뇌의 특정 부분을 마음대로 사용합니다. 물론 손가락으로 피아노를 치거나 컴퓨터 자판을 두드릴 때 '검지와 약지 손가락을 움직여야지'라고 생각하는 것처럼 구체적이고 직접 뇌를 사용한다는 말은 아닙니다. 뇌는 오랜 시간 반복적인 훈련을 거치면서 특정 행동을 할 때 특정 부분을 사용하게끔 발달합니다. 우리가 아주 어렸을 때부터 다양한 것들을 배우면서 자라면 '사람다워진다'고 하는데, 바로 이런 학습의 결과로 나타나는 모습이죠.

잠이 든 상태에서는 특정 행동이나 생각을 할 때 사용되는 뇌의 영역이 보통 때 활성화되는 정도보다 약합니다. 좀 더 불규칙적이고 약한 강도로 활성화되기 때문에 우리가 잠이 든 상태에서는 주변에서 어떤 일이 일어나는지 모를 뿐 아니라 자신의 머릿속에서 어떤 일이 일어나고 있는지도 전혀 알 수 없는 것입니다.

그런데 만약 뇌가 여기저기 흩어져 있는 기억의 조각들을 무작위로 활성화시키다가 어느 순간 갑자기 특정 기억을 아주 강한 세기로 활성화시키면 어떻게 될까요? 그렇다면 잠을 자고 있다가도 갑자기, 짧은 순간이지만 그 기억을 의식

적으로 느낄 수 있을 겁니다. 이런 순간들이 자고 일어나서도 기억이 나는 꿈이 되는 것입니다. 그리고 이렇게 강하게 활성화되는 기억은 무작위로 일어난다기보다 그 기억 자체의 강도가 감각적으로 너무 강하기 때문에 뇌가 기억의 조각들을 정리하는 과정에서 건드리기만 해도 강하게 활성화되는, 그 기억의 특성인 것입니다. 즉, 강렬한 기억들만이 잠을 자는 동안 활성화되었을 때 우리에게 강하게 느껴진다는 것입니다. 무섭고 강렬한 장면들만 꿈에 나타나는 이유를 이젠 알겠지요?

내가 원하는 대로 꿈을 꿀 수 있을까?

이렇게 꿈은 우리의 경험과 상상으로 비롯된 기억에 기반을 두고 있습니다. 그렇다면 꿈을 우리 마음대로 꾸는 것이 가능할까요? 어떤 꿈을 꾸고 싶다면 그와 관련된 경험을 하거나 열심히 상상해서 강한 기억을 만들어야 할까요? 아무리 열심히 상상하고 좋은 경험을 했다고 하더라도 자는 동안 그 기억이 강하게 활성화되지 않으면 아무 소용이 없지 않을까요?

쉽진 않지만, 사실 꿈을 내 마음대로 꾸는 것은 가능한 일입니다. '꿈이야, 생시야'라는 표현도 있는 것처럼 사실 꿈을 꾸는 동안은 내가 꿈을 꾸고 있다는 인식을 하기 어렵습니다. 그래서 꿈을 내 마음대로 꾸는 방법은 내가 꿈을 꾸고 있는 것인지 아닌지를 인식하는 데에서 출발합니다. '내가 꿈을 꾸고 있다', '이건 꿈이다'라는 것을 스스로 인식하는 상황이라는 의미에서 이 같은 꿈을 '자각몽(lucid dream)'이라고 부릅니다.

자각몽에는 두 단계가 있다고 알려져 있습니다. 내가 꿈을 꾸고 있다는 것을 인지하고, 그 꿈속에서 자유롭게 움직이는 것이 첫째 단계의 자각몽입니다. 둘째 단계의 자각몽에 이르러야 내가 원하는 대로 꿈을 꿀 수 있답니다. 꿈을 꾸는 것은 마음대로 하지 못해도 꿈을 한 번 꾸면 그 안에서 마음대로 행동할 수 있다면 그것만으로도 이미 매우 신기한 경험이 아닐까요?

미국에서는 스탠퍼드대학의 생리학자 스티븐 라버지 (Stephen LaBerge)가 자각몽에 대해 연구 중이며 2004년에는 『루시드 드림』이라는 책도 썼습니다. 그는 자각몽이 영감을 불러일으키고 스트레스를 완화시켜주기 때문에 정서적인 치유에 도움이 된다고 주장했습니다.

스티븐 라버지의 책 『루시드 드림』

자각몽을 꿀 수 있는 사람이 정해져 있는 것도 아닙니다. 누구라도 충분히 연습하면 자각몽을 꿀 수 있다고 합니다. 최근에는 자각몽을 꾸는 데 도움이 되는 스마트폰 애플리케이션이 개발되기도 했다고 하네요. 자각몽을 꾸게 된 사람 중 많은 수가 악몽을 자주 꾸어서 꿈을 꾸는 것이 생활에 악영향을 끼치는 경우 자각몽 연습을 시작하게 된다고 합니다. 말 그대로 '꿈인지 생시인지'를 구분하기 위한 특정 행동이나 규칙을 정해놓고 평소에 그 행동을 무의식적으로 반복하다 보면 꿈을 꾸게 되었을 때 그 행동을 쉽게 할 수 있다고 합니다. 만약 그 행동을 했는데 깨어 있을 때와 느낌이 다르면 '아, 이게 꿈이구나' 하고 알게 되고 그 순간부터 꿈속에서 의식이 깨어나 내 마음대로 행동할 수 있게 되는 것입니다. 신기하죠?

실제로 제 주변에도 어렸을 때 악몽을 자주 꾸던 친구가 있었습니다. 악몽을 너무 자주 꿔서 잠자리에 드는 것을 두려워할 정도였는데, 불편함을 해소하고 제대로 잠을 자기 위해 자각몽을 꾸는 연습을 했다고 합니다. 그 친구가 사용한 방법은 엄지와 검지로 코를 막는 것입니다. 현실 세계에서 이렇게 코를 막으면 당연히 숨을 쉴 수가 없지요. 하지만 꿈속이라면 얘기가 다릅니다. 현실에서 친구는 잠자리에 누워 잠을 자는 상태이기 때문에 꿈속에서 아무리 코를 막아도 숨을 편안히 쉴 수 있습니다. 이

행동을 통해 친구는 꿈을 꾸고 있는 상태라는 걸 인지할 수 있고, 이 사실을 깨달은 후에는 꿈속에서 자유롭게 움직일 수 있게 되었다고 합니다.

자면서 공부할 수 있다면 얼마나 좋을까?

자, 그럼 마지막으로 여러분들이 가장 궁금해할지도 모를 질문 하나를 다뤄보겠습니다. '잠을 자면서 공부를 할 수 없을까?' 누구나 잠을 자야 한다면 공부할 것이 많을 때는 자면서 공부를 할 수 있다면 좋을 것 같습니다. 과연 잠을 자면서 공부를 한다는 건 정말 상상 속에서나 일어나는 일일까요? 꿈도 마음대로 꿀 수 있다는데 자면서도 공부를 할 수 있지 않을까요?

올더스 헉슬리(Aldous Leonard Huxley)의 소설 『멋진 신세계』를 보면 수면 학습을 시키는 장면이 나옵니다. 잠을 자고 있는 신생아들에게 계속해서 같은 문구를 들려주면 아기들이 그 내용을 학습하게 되어 고정관념이 생기게 되죠. 정말 이렇게 자는 동안 주위 환경에서 주어지는 자극이 우리 뇌에 저장되고 학습으로 이어질 수 있을까요? 공부를 하려고 잠을 줄이고 밤을 새우기도 하는데 말입니다.

대답은, '가능하다'입니다. 잠을 자는 것은 아무것도 하지 않는 무기력 상태에 빠지는 것이 아니라 오히려 무엇이든 할 수 있는 위대한 시간입니다. 그렇다면 어떻게 잠을 자면서도 공부를 할 수 있을까요?

비밀은 잠의 '단계'에 있습니다. 잠을 자는 동안 우리는 얕은 잠과 깊은 잠을 번갈아 잡니다. 앞서 말했던 랜디 가드너의 경우 잠을 자는 것인지 정말 깨어 있는 것인지 알아보기 위해 뇌전도를 측정했다고 했습니다. 뇌전도를 측정하면 깨어 있는 상태와 잠든 상태를 구분할 수 있을 뿐 아니라, 잠든 상태에서도 얼마나 깊이 잠들었는지를 알 수 있습니다.

자세하게 나누자면 네 가지 단계로 잠을 구분할 수 있지만, 크게 렘

수면과 비(非) 렘수면의 두 단계로 나눌 수 있습니다. 렘수면은 영어로 REM(rapid eye movment)이라고 쓰는데, 눈이 빠르게 움직인다는 뜻입니다. 잠이 들면 온몸을 움직일 수 없다고 생각하지만 잠꼬대를 하기도 하고, 몸을 뒤척이기도 하죠. 어떤 때는 눈이 저절로 좌우로 움직이는데, 이는 대체로 얕은 잠에 빠졌을 때 일어나는 현상입니다. 그리고 이때는 눈이 아닌 다른 신체 부위는 움직이지 않지요.

우리 뇌가 학습할 수 있다고 생각되는 때는 바로 깊은 잠에 빠졌을 때입니다. 이때 뇌전도를 측정해보면 매우 느릿느릿 움직이는 뇌파가 측정됩니다. 그래서 '서파 수면(SWS, slow wave sleep)', 즉 느린 뇌파가 보이는 잠의 단계라고도 불립니다.

과학자들은 사람들에게 어떤 새로운 사실을 학습시키거나 경험을 하게 한 뒤 잠들게 했습니다. 그리고

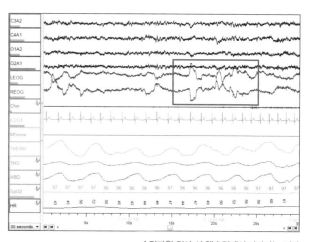

수면다원 검사 시 렘수면에서 나타나는 뇌파

다른 한 그룹의 사람들은 뇌를 인위적으로 자극하여 서파 수면 상태에 빠져들게 했습니다. 그랬더니 기억력이 훨씬 강하게 나타났습니다. 이뿐 아니라 깨어 있을 때 학습하면서 들은 소리나 맡았던 냄새와 같은 자극 요소를 잠을 자는 동안, 특히 서파 수면에 접어들었을 때 다시 느끼게 했더니 이 경우에도 깨어난 뒤에 기억을 더 잘하는 것을 알 수 있었습니다.

보통 잠을 자는 동안 낮에 경험하고 배웠던 것들을 뇌에서 잘 정리해 오랫동안 저장되는 기억으로 보관하게 된다고 하죠. 그런데 그냥 잠을 자기만 하면 되는 것 말고 서파 수면을 충분히 취해야 한다는 것을 알 수 있습니다. 서파 수면 단계야말로 뇌가 기억을 저장하는 때라는 것이죠.

이렇게 깨어 있는 동안 배우거나 경험한 것을 강력한 기억으로 저장하는 것이 아닌, 잠을 자는 동안 완전히 새로운 사실을 습득하는 것도 가능합니다. 정말 놀라운 일이죠?

실제로 미국에서는 알코올 중독자들을 대상으로 잠을 자는 동안 "당신은 술 없이 지내게 될 것입니다"와 같은 긍정적이고 교훈적인 문구들을 계속해서 들려주었습니다. 이 같은 수면학습을 받은 한 알코올 중독자는 시설을 나오면서 한 신문사 기자와 인터뷰 자리에서 이렇게 말했습니다. "이제는 술 마시는 것을 생각만 해도 병이 날 것 같습니다. 잠자리에 들 때 맑은 정신으로 잠을 자게 되었지요." 이 말은 실제 기록으로도 남아 있습니다.

또, 손톱을 물어뜯는 습관을 지닌 아이들을 대상으로 2주 정도 매일 밤 "내 손톱은 맛이 끔찍하게 쓰다"라는 문구를 들려주었더니 아이 중 40%가 손톱을 물어뜯는 습관이 사라졌다는 결과도 있다니 정말 놀랍습니다.

잠에 대한 세 가지 진실 혹은 거짓을 알아보고 나니 잠을 정복할 수 있을 것 같은 기분이 드나요? 오히려 잠에 정복당할 것 같은 기분이 드나요?

우리는 인생의 삼분의 일 이상을 잠을 자며 보냅니다. 그런데 우리는 아직도 잠에 대해 알지 못하는 부분이 아주 많습니다. 하지만 잠에 관한 자세하고 어려운 사실을 모두 알 필요는 없는 것 같습니다. 가장 중요한 것은 건강한 수면 습관을 갖는 것이지요. 제때, 적당히, 푹 자면 몸도 마음도 머리도 건강해진다는 사실만은 꼭 기억하세요.

박솔 | KAIST 생명과학과에서 공부했고 바이오및뇌공학과에서 석사학위를 받았다. 동물의 사회적 행동, 의사결정에 관여하는 뇌를 연구했다. 과학자와 대중의 의사소통에 관심이 많아 다양한 매체에 과학 칼럼을 연재했다. 《독서평설》의 '꿈꾸는과학의 세상 뒤집기', 네이버 캐스트의 '잠의 과학' 시리즈가 대표적이다. 과학 아이디어 공동체 '꿈꾸는 과학' 활동을 하며 『세상을 만드는 분자』를 번역하기도 했다. 현재는 한국과학창의재단에서 발행하는 과학신문 〈사이언스 타임즈〉 기자로 활동하고 있다.

유전자 교정은 난치병과 유전병으로 고통 받는 수많은 사람에게 새로운 삶을 불어넣을 수 있고, 식량 문제를 해결할 새로운 농축산물의 개발을 가져올 수도 있습니다. 하지만 동시에 유전자 교정을 통해 우월한 유전자만을 가진 맞춤형 아기의 탄생을 불러올 수도 있고, 더 나아가 생물학적 평등 개념의 붕괴와 유전적 다양성 붕괴 등을 초래할 수도 있습니다.

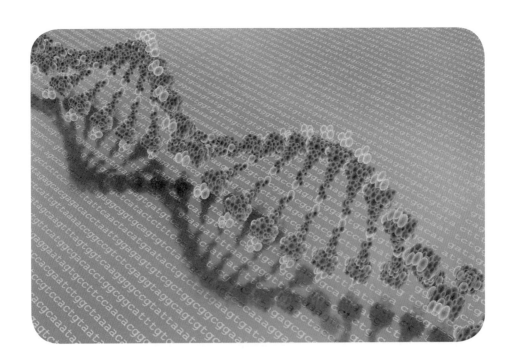

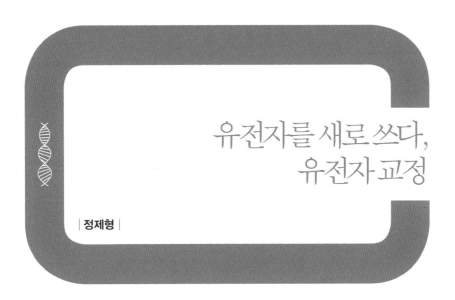

유전자를 새로 쓰다, 유전자 교정

|정제형|

2015년, 제가 참여하게 된 '10월의 하늘' 강연장은 동해시에 있는 발한시립도서관이었습니다. '동해시'는 처음 가보는 도시여서 그곳에 대한 모든 것이 궁금했습니다. 그래서 인터넷 검색창에 '동해시'를 입력해보았습니다. 동해시의 아름다운 풍광이 눈앞에 가득 펼쳐졌습니다. 그런데 이때 제가 만일 '동해시' 대신 '동해루'를 입력했다면 무슨 일이 벌어질까요? 동해안의 아름다운 풍광 대신 '동해루'라는 이름의 중국 음식점 전화번호와 메뉴, 맛집 후기에 대한 정보가 먼저 들어왔을 것입니다. 필요한 정보를 얻기 위해서는 '동해루'를 '동해시'로 고쳐 써야만 합니다. 그리 어려운 일이 아니죠. 검색창에서 '루'를 지우고 '시'로 고쳐 쓰면 그만입니다.

유전자도 쉽게 고쳐 쓸 수 있을까?
미국의 유명 여배우 안젤리나 졸리는 2013년 유전자 검사를 통해 자신이

브라카1(BRCA1, BReast CAncer 1)이라는 유전자에 대한 돌연변이 유전자를 가지고 있다는 사실을 알았습니다. 또한 이 유전자에 돌연변이가 일어나면 유방암과 난소암 발병률이 크게 높아진다는 사실도 알게 되었습니다. 안젤리나 졸리는 유방암 발병 위험성을 낮추기 위한 예방적 차원에서 유방 절제술을 받았습니다. 이러한 안젤리나 졸리의 의학적 선택은 논란의 소지가 있지만, 암의 가족력과, 암 예방, 특히 암의 유전적 요인에 대한 전 사회적 관심을 이끌어냈습니다.

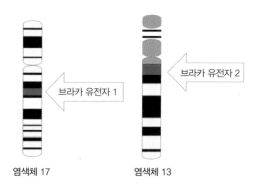

염색체 17   염색체 13

종양 억제 유전자 BRCA1, BRCA2에 변이가 오면 유방암, 난소암 발병률이 높아진다.

그런데 만약, 브라카1 유전자에서 돌연변이 부위를 잘라내고 정상 유전자로 대체할 수 있다면 굳이 유방 절제술을 시행할 필요가 있었을까요? 마치 검색창이나 문서편집기에서 '동해루'를 '동해시'로 쉽게 교정할 수 있듯이 유전자의 염기서열●도 고쳐 쓸 수 있다면 유전자 돌연변이도 바로잡을 수 있을 것입니다. 사실 우리는 이러한 유전자 교정 기술을 이미 가지고 있습니다. 아직 의학적으로 널리 사용될 수는 있는 단계는 아니지만, 다른 생명과학과 공학 분야에서 유전자 교정을 통한 기술 혁명이 이미 시작되었지요.

우선 유전자 교정에 대해 알아보기 전에 유전자란 무엇인지, 그리고 유전자에 의해 어떻게 생명현상이 일어날 수 있는지 알아보겠습니다.

유전체, 유전정보, DNA, 염기서열

우리는 흔히 게놈(Genome)을 생명의 설계도라고 합니다. 우리말로 유전체라고 하는 게놈은 생물체가 가지고 있는 유전정보 전체 또는 유전물질의 총합을 의미하고, 유전정보에 의해 여러 생명현상이 결정됩니다.

그렇다면 생물체에서 유전정보는 어떠한 형태로 존재할까요? 유전정보는 DNA 분자의 형태로 세포 안에 존재합니다. DNA 분자는 두 개의 가닥이 서로 꼬여 있는 이중나선의 형태를 띱니다(158쪽 그림 참조). DNA 이중나선에서 각각의 가닥은 '뉴클레오타이드(nucleotide)'라는 물질이 길게 연결되어 있습니다.

DNA 분자를 구성하는 뉴클레오타이드는 '데옥시리보스(deoxyribose)'라는 당과 인산, 그리고 질소 염기로 이루어져 있습니다. 모든 DNA 뉴클레오타이드는 똑같은 당과 인산을 가지며, 이들은 이중나선의 각각의 가닥에서 골격을 이룹니다. 나머지 구성 요소인 질소 염기는 네 가지 형태로 존재합니다. 우리가 흔히 알고 있는 아데닌(A), 티민(T), 시토신(C), 구아닌(G)은 이 네 가지 염기입니다. 하나의 DNA 뉴클레오타이드는 이 네 가지 염기 중 하나만을 가집니다. DNA 이중나선을 이루는 두 개의 가닥은 한 가닥의 염기와 다른 한 가닥의 염기 간 특이적인 결합으로 연결되어 있으며, 이때 A는 T와 G는 C하고만 염기쌍을 형성하고, 이를 상보적인 염기쌍이라고 합니다.

유전정보는 DNA 분자의 형태로 존재한다고 했는데, 그렇다면 DNA 분자에서 유전정보로서 의미가 있는 것은 무엇일까요? 위에서 설명하였듯이 DNA 분자를 구성하는 당과 인산은 모든 DNA 분자에서 공통적이지만 A, T, C, G라는 염기는 다를 수 있습니다. 즉, 유전정보는 기다란

DNA 분자에서 A, T, C, G 염기의 특이적인 배열 순서라고 할 수 있는 염기서열의 형태로 존재합니다.

유전자, 유전자 발현

DNA 분자의 염기서열이 어떻게 유전정보가 될 수 있고, 이 유전정보가 어떻게 생명 현상을 결정하게 될까요? 그것은 바로 생명 현상에 필수적인 단백질 또는 RNA가 이 유전정보(염기서열)를 바탕으로 만들어지기 때문입니다. DNA 분자에 존재하는 특정 염기서열은 단백질(또는 RNA) 합성이 일어나도록 지정하는 유전정보가 될 수 있으며, 이러한 특정 염기서열을 우리는 유전자(gene)라고 합니다. 또한 이렇게 유전자에서 단백질이나 RNA가 만들어지는 총체적인 과정을 유전자 발현(gene expression)이라고 합니다. 생명체는 유전자의 염기서열에 따라 유전자 발현 과정을 거쳐 생명현상에 필수적인 단백질(또는 RNA)을 합성하게 됩니다.

　그렇다면 유전자 발현은 어떻게 일어날까요? 유전자 발현은 크게 두 가지 과정을 거쳐 일어납니다. 첫 번째 과정을 전사(transcription)라고 하며, 이 과정에서 유전자의 복사본이라고 할 수 있는 RNA가 합성됩니다. RNA는 DNA와 같이 뉴클레오타이드가 길게 연결된 분자이지만 두 개의 가닥으로 이루어진 이중나선이 아닌 단일 가닥입니다(158쪽 그림 참조). 또한 RNA를 구성하는 뉴클레오타이드는 데옥시리보스 대신에 리보스(ribose)라는 당을 가지며, 티민(T) 염기 대신에 우라실(U) 염기를 가집니다. 전사 과정을 통해 유전자와 똑같은 염기서열을 가진 단일 가닥의 RNA가 만들어지며(DNA에 존재하는 T 염기는 RNA에서 U 염기로 대체), 이 과정은 유전자가 가지고 있는 유전정보가 RNA로 옮겨가는 과정이라고도 할 수 있습니다.

　유전자 발현에서 두 번째 과정을 번역(translation)이라고 합니다. 이 과

코돈표. 코돈과 각 코돈이 지정하는 아미노산을 볼 수 있다.

정 동안 RNA의 염기서열을 따라 단백질이 합성됩니다. 단백질은 아미노산이라는 물질이 길게 연결된 중합체입니다. RNA 염기서열에서 세 개의 연속된 염기가 특정한 하나의 아미노산을 지정하게 되어 있는데, 이렇게 아미노산을 지정하는 연속된 3개의 염기를 흔히 유전 암호, 또는 코돈(codon)이라고 합니다. 번역 과정에는 여러 다른 분자들의 도움을 받아 RNA 염기서열 상의 코돈이 차례대로 읽히고, 이와 동시에 코돈이 지정하는 아미노산들이 서로 연결되어 단백질이 만들어집니다.

생명체에는 64가지의 코돈이 존재할 수 있습니다. 네 가지 서로 다른 염기로, 연속된 세 개의 염기 조합을 만들 수 있는 경우의 수가 $4^3=64$이기 때문입니다(AAA, AAU, AAG, AAC, ……). 생명체에는 20가지의 아미노산만이 존재합니다. 코돈에 따라 특정한 아미노산이 지정되며, 이때 하나 이상의 코돈이 특정한 하나의 아미노산을 지정하기도 합니다. 우리는 이미 어떠한 코돈이 어떠한 아미노산을 지정하는지 알고 있습니다(위 코돈표 참조). 이는 유전자의 염기서열을 알면 이를 바탕으로 만들어지는 단백질이 어떠한 아미노산으로 구성되어 있는지 알 수 있다는 것을 의미합니다.

간단한 예를 들면, 'TGG TTT GGC TCA'라는 염기서열을 가진 유전자가 있다면, 전사 과정을 거쳐 'UGG UUU GGC UCA'라는 염기서열을 가진 RNA가 합성됩니다. 번역 과정에서 RNA의 UGG, UUU, GGC, UCA 코돈이 순서대로 읽히면서 Trp(트립토판)−Phe(페닐알라닌)−Gly(글라이신)−Ser(세린) 순으로 아미노산들이 연결되어 있는 단백질이 만들어집니다.

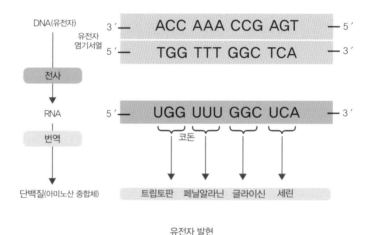

유전자 발현

유전자 돌연변이에 따른 잘못된 단백질 합성

유전자 돌연변이라는 것은 유전자의 염기서열에 변화가 생긴 것을 의미합니다. 유전자의 염기서열에 따라 단백질 합성이 이루어지기 때문에 염기서열에 변화가 생기면 잘못된 단백질이 만들어질 수 있습니다. 간단한 예로 ATG GCG AGA라는 염기서열을 가진 유전자가 있다고 가정해봅시다. 전사 과정을 거쳐 만들어지는 RNA의 염기서열은 AUG GCG AGA가 될 것입니다. 이때 연속된 세 개의 염기, 즉 'AUG', 'GCG', 'AGA'는 각각 특

정한 아미노산을 지정하는 코돈입니다. 'AUG', 'GCG', 'AGA'라는 코돈이
만약 각각 '동', '해', '시'라는 아미노산을 지정한다면, 번역의 결과 아미노
산이 차례대로 연결된 단백질이 만들어지고, 이 경우 '동', '해', '시'라는 아
미노산이 차례대로 연결된 '동해시'라는 단백질이 만들어집니다.

그런데 만약 원래 유전자 염기서열(ATG GCG AGA)에서 일곱 번째 염기
인 A가 C로 바뀌게 되면 어떠한 일이 벌어질까요? 전사 결과 만들어지는
RNA에서 세 번째 코돈인 'AGA'가 'CGA'로 바뀌게 됩니다. 그리고 'CGA'
라는 코돈이 '루'라고 하는 아미노산을 지정한다면, 번역의 결과 만들어
지는 단백질은 '동해루'로 바뀝니다. 유전자에서 염기서열에 변화가 생기
면 이렇게 '동해시'라는 단백질이 '동해루'라는 잘못된 단백질로 바뀔 수
있는 것입니다.

위에서 설명한 브라카1 돌연변이도 이처럼 정상 유전자의 염기서열에
변화가 생긴 것이고, 그 결과 잘못된 단백질이 만들어지는 경우입니다.
정상 브라카1 유전자에서 만들어지는 단백질은 세포분열을 조절하는 단

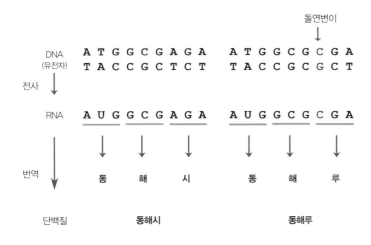

유전자 돌연변이

백질입니다. 브라카1 유전자 돌연변이에 의해 만들어진 잘못된 단백질은 세포분열을 조절할 수 없게 되고, 이에 따라 비정상적인 세포분열을 계속하는 암세포가 만들어지게 됩니다.

유전자 가위

유전자에서 잘못된 염기서열을 바로 잡을 수 있는 유전자 교정은 어떻게 가능해졌을까요? 유전자 교정은 유전자의 염기서열을 선택적으로 인식하고 자를 수 있는 일종의 '유전자 가위' 개발로 가능해졌습니다. 유전자 교정은 우선 유전자 가위로 유전자의 특정 부위를 잘라내고 우리가 원하는 부위에 돌연변이를 유도하거나 우리가 원하는 염기서열로 바꿔주는 과정을 포함합니다. 유전자 가위는 일반적으로 구성 요소 두 가지를 가지는데, DNA 염기서열을 인식하는 부위(또는 분자), 그리고 DNA를 자를 수 있는 부위(또는 분자)로 구성되어 있습니다.

1960년대 말 제한효소(restriction enzyme)라고 불리는 최초의 유전자 가위가 세균에서 발견되어, 이를 이용해 특정 DNA 염기서열을 자르는 것이 가능해졌습니다. 또한 제한효소와 DNA 분자들을 다시 이어 붙일 수 있는 효소를 이용해 DNA를 자르고 넣고 붙이는 DNA 재조합 기술이 가능해졌고, 이는 유전 공학의 기반이 되었습니다. 하지만 특정 유전자 또는 DNA 염기서열만을 선택적으로 인식하고 자르는 과정이 필요한 유전자 교정에서는 제한효소를 이용하는 데 한계가 있습니다. 제한효소는 효소별로 인식하고 자를 수 있는 DNA 염기서열이 정해져 있습니다. 현재까지 알려진 제한효소의 종류는 약 3,000개 정도이며, 이들을 이용해 자를 수 있는 특정 DNA 염기서열은 약 250개 정도에 불과합니다.

우리가 교정하고자 하는 유전자에 제한효소가 인식할 수 있는 염기서열이 없다면 제한효소를 이용해 유전자를 자를 수 없습니다. 게다가 제한효소는 인식하는 염기의 개수가 일반적으로 4~6개에 불과해 유전체 상에서 우리가 원하는 부위만을 자르는 것은 불가능합니다. 즉, 특이성이 떨어져 유전체상의 다른 부위가 같이 잘릴 가능성이 매우 큰 것이죠.

HindIII이라는 제한효소를 예로 들어보겠습니다. 이 효소는 AAGCTT라는 여섯 개의 염기로 이루어진 염기서열만을 인식하고 자를 수 있습니다. 생물체의 유전체상에 AAGCTT라는 염기서열이 존재할 확률은 얼마나 될까요? 답은 $1/4^6$입니다. 확률적으로 AAGCTT라는 염기서열은 염기 4,096개당 한 번꼴로 나타날 수 있다는 뜻이지요.

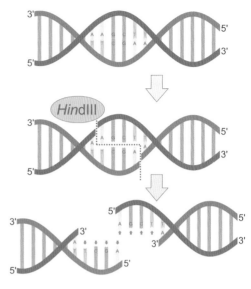

제한효소의 하나인 Hind Ⅲ

인간의 DNA에는 30억 개의 염기가 배열되어 있습니다. 만약 인간 유전체에서 30억 개의 염기가 무작위적인 순서로 배열되어 있다고 가정하면, HindIII으로 인간의 DNA를 잘랐을 때 확률적으로 약 7만여 개(30억/4,096)가 넘는 DNA 단편이 생길 수 있습니다. 그만큼 특이성이 떨어진다는 의미이지요.

생명과학자들은 원하는 DNA 염기서열만을 선택적으로 자를 수 있는 유전자 가위를 열망하게 되었고, 그 결과 1990년대 후반, 1세대 유전자 가위라고 할 수 있는 징크-핑거 뉴클레아제(Zinc-Finger Nuclease), 그리고 2000년대 후반 2세대 유전자 가위인 탈렌(TALEN)이 개발되었습니다. 두 유전자 가위 모두 DNA 염기서열을 인식하는 단백질과 DNA를 자르는 뉴클레아제 효소 단백질을 함께 붙여놓은 일종의 융합 단백질입니다.

또한 이들은 DNA 염기서열을 인식하는 단백질을 조작함으로써 우리가 원하는 DNA 염기서열을 특이적으로 인식하고 자를 수 있는 맞춤형 유전자 가위라고 할 수 있습니다. 하지만 이들 유전자 가위, 특히 징크-핑거 뉴클레아제의 경우 단백질 조작에 따르는 기술적 어려움, 특이성 문제, 기술 특허 문제, 시간과 비용 문제 등으로 널리 이용될 수 없었습니다.

이런 상황에서 2012년 미국 캘리포니아대학교 제니퍼 다우드나(Jennifer Doudna) 교수 연구팀을 포함한 다수의 연구 그룹에서 크리스퍼-카스9(CRISPR-Cas9)이라는 전혀 새로운 유전자 가위를 발표하였습니다. 3세대 유전자 가위라고 할 수 있는 이것은 작은 RNA 분자가 DNA 염기서열을 인식하고, 동시에 카스9이라는 DNA를 자를 수 있는 효소 단백질을 유도해 DNA를 자르는 원리입니다. 이때 작은 RNA 분자를 가이드 RNA(guide RNA)라고 하는데, 가이드 RNA에 존재하는 20개의 연속된 염기와 상보적인 염기를 가진 DNA 분자는 가이드 RNA에 의해 인식되고 카스9 단백질에 의해 절단되게 됩니다.

크리스퍼-카스9은 1, 2세대 유전자 가위보다 맞춤형 유전자 가위의 제작 효율성과 활용성이 뛰어나고, 특히 1세대 유전자 가위에 비해 특이성이 월등합니다. 1, 2세대 유전자 가위는 우리가 원하는 DNA 염기서열을 자르기 위해 단백질 자체를 바꿔야 하는 어려움이 따르지만, 크리스퍼-카스9에서는 가이드 RNA의 20개 염기서열만 자르고자 하는 DNA 염기서열에 맞게 바꿔주기만 하면 됩니다. 따라서 더 적은 비용과 시간으로 어떠한 DNA 염기서열도 인식하고 자를 수 있는 맞춤형 유전자 가위를 만들 수 있습니다. 특이성 면에서도 크리스퍼-카스9은 20개의 연속된 염기서열을 인식하고 DNA를 자르기 때문에 이론상 우리가 원치 않는 DNA 부위가 우연히 잘릴 확률은 $1/4^{20}$, 즉 약 1조분의 1에 불과합니다.

세포의 DNA 수선기작

세포 안에 존재하는 유전자를 절단하기 위해서는 유전자 가위를 구성하는 분자들을 세포 안으로 주입하거나 발현시키는 과정을 거쳐야 합니다. 크리스퍼-카스9의 경우, 우리가 자르고자 하는 유전자의 염기서열을 인식할 수 있는 가이드 RNA를 제작한 후, 가이드 RNA와 DNA를 절단하는 카스9 단백질을 같이 세포 안으로 주입해 DNA 절단을 유도할 수 있습니다. 또 다른 방법으로는 가이드 RNA와 카스9 단백질을 만드는 유전자를 세포 안으로 삽입시킨 후 세포 자체가 가지고 있는 유전자 발현 과정을 통해 이들을 발현시킬 수도 있습니다.

세포 안에서 유전자 가위로 유전자의 특정 부위를 잘라낸 뒤에는 어떠한 일이 벌어질까요? 유전자 가위에 의해 DNA 이중나선이 절단되면 세포는 잘린 DNA 가닥을 다시 이어 붙이는 DNA 수선기작을 스스로 활성화시킵니다.

세포에는 크게 두 가지 수선기작이 존재하는데, 첫째는 절단된 부위에서 DNA 뉴클레오타이드를 무작위로 빼버리거나 첨가해 끊어진 DNA 가닥을 이어주는 메커니즘입니다. 이러한 과정을 통해 우리는 어떠한 유전자에 대해서도 인위적으로 돌연변이를 유도할 수 있습니다. 즉, 잘못된 단백질을 만드는 유전자를 유전자 가위로 잘라 돌연변이를 유도한 후, 이 단백질이 기능을 못 하게 할 수 있는 것입니다. 하지만 이 경우에는 유전자 절단 부위에서 무작위적인 염기서열 변화가 일어나므로, 유전자 염기서열을 우리가 원하는 염기서열로 교체할 수는 없습니다.

두 번째 수선기작은 끊어진 DNA의 염기서열과 유사한 염기서열을 가진 DNA 단편이 세포 안에 함께 존재하는 경우, 세포는 이 단편과 절단된 DNA 사이에 재조합을 유도합니다. 이 과정에서 절단된 DNA는 DNA 단편이 가지고 있던 염기서열과 같은 염기서열을 가지도록 수선됩니다.

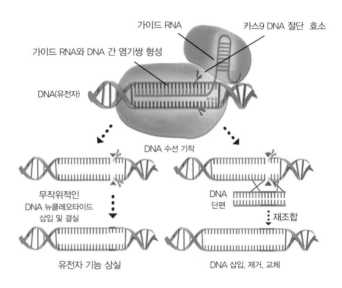

크리스퍼–카스9과 유전자 가위를 이용한 유전자 교정

　세포의 이러한 수선기작을 이용해 우리는 좀 더 정밀한 유전자 교정을 할 수 있습니다. 우리가 교정하고자 하는 염기서열을 자르는 유전자 가위와 우리가 교정의 결과 얻고자 하는 염기서열을 지닌 DNA 단편을 세포 안으로 같이 넣어주면 정밀한 유전자 교정이 가능해집니다. 이러한 방법으로 우리는 마치 문서편집기로 글을 쓰거나 교정하듯이, 유전자에서 특정 염기를 삽입하거나 제거할 수도 있고 교체할 수도 있습니다.

'동해시'는 멋있다

'ATG GCG CGA AGC AAG TGC GAG'라는 염기서열을 가진 유전자가 있다고 가정해봅시다. 전사에 의해 만들어지는 RNA 염기서열은 'AUG GCG CGA AGC AAG UGC GAG'일 것입니다. 각 코돈이 지정하는 아미노산은 다음과 같다고 가정합니다.

AUG=동, GCG=해, CGA=루, AGC=는, AAG=맛, UGC=있, GAG=다.

그럼 번역 결과 만들어지는 단백질은 '동해루는맛있다'가 됩니다.

여기서 '동해루는맛있다'라는 단백질을 만드는 유전자를 교정하여 '동해시는멋있다'라는 단백질을 만들어봅시다. 그러기 위해서는 '루'라는 아미노산을 '시'로, '맛'이라는 아미노산을 '멋'으로 바꿔주어야 합니다. '시'와 '멋'이라는 아미노산을 지정하는 코돈이 각각 AGA, AAC라고 하면 '루'를 지정하는 세 번째 코돈인 CGA가 '시'를 지정하는 코돈인 AGA로, 그리고 '맛'을 지정하는 다섯 번째 코돈인 AAG가 '멋'을 지정하는 코돈인 AAC로 바뀌어, 즉 유전자에서는 일곱 번째 염기인 C를 A로, 그리고 15번째 염기인 G를 C로 교정하면 '동해시는멋있다'라는 단백질을 얻을 수 있습니다.

크리스퍼-카스9으로 이 유전자를 교정해봅시다. 우선 가이드 RNA를 만들어보겠습니다. 가이드 RNA는 유전자의 염기와 상보적인 염기쌍을 형성하여 유전자를 인식합니다. 가이드 RNA에서 DNA 인식을 담당하는 염기를 유전자의 ATG GCG CGA AGC AAG TGC GAG와 상보적인 염기쌍을 형성할 수 있는 UAC CGC GCU UCG UUC ACG CUC라는 염기로 교체하면 이 유전자를 특이적으로 인식하는 가이드 RNA가 만들어집니다.

이 가이드 RNA와 카스9 단백질, 그리고 유전자 교정의 결과 얻고자 하는 ATG GCG AGA AGC AAC TGC GAG 염기서열을 가진 DNA 단편을 함께 세포 안으로 넣습니다. 그럼 유전자 가위에 의한 유전자 절단과 세포의 수선 기작을 통해 '동해루는맛있다'를 만드는 유전자를 '동해시는멋있다' 단백질을 만드는 유전자로 교정할 수 있습니다.

ATG GCG CGA AGC AAG TGC GAG = 동해루는멋있다

ATG GCG AGA AGC AAC TGC GAG = 동해시는멋있다

유전자 교정에 대해 생각해볼 문제

전 세계 과학자들은 유전자 가위, 특히 크리스퍼-카스9을 이용한 유전자 교정 기술이 인류 역사를 통해 일어났던 여러 과학 기술 혁명에 버금가는 기술적 진보라고 입을 모으고 있습니다. 이는 그간의 생명공학 기술로는 어려웠던 세포 안에서의 DNA에 대한 선택적인 조작이 유전자 교정 기술을 통해 아주 쉽게, 그리고 효율적으로 가능해졌기 때문이지요. 하지만 이러한 기술적 진보 이면에 우리가 생각해보아야 할 문제도 아직 많이 있습니다.

인류 역사를 통해 우리는 과학기술에는 양면성이 있음을 알 수 있습니다. 에너지원으로서의 원자력이 동시에 대량 살상무기로 이용될 수 있는 것이 그 한 예입니다. 또한 기술에는 불확실성이 따릅니다. 인간의 삶을 윤택하게 해줄 인공지능이 인간을 종속시킬 수도 있는 노릇이지요.

유전자 교정 기술도 마찬가지입니다. 난치병과 유전병으로 고통 받는 수많은 사람에게 새로운 삶을 불어넣을 수 있고, 식량 문제를 해결할 새로운 농축산물의 개발을 가져올 수도 있습니다. 하지만 동시에 유전자 교정을 통해 우월한 유전자만을 가진 맞춤형 아기의 탄생을 불러올 수도 있고, 더 나아가 생물학적 평등 개념의 붕괴와 유전적 다양성 붕괴 등을 초래할 수도 있습니다.

기술은 비가역적입니다. 이 말은 어떤 기술이 전 사회적으로 이용되기 시작하면 다시 되돌리기 힘들다는 의미입니다. 유전자 교정 기술이 과학기술계에서 급속도로 퍼지고 있는 지금, 이 기술이 지닌 특성과 기술의

사회적 영향, 윤리적 문제들에 대해 전 사회적 공론화가 필요한 시점입니다. 기술이 전 사회적으로 이용되기 전에 과학기술계, 정책 입안자, 그리고 시민 사회가 함께 유전자 교정 기술의 사용 목적 및 사용 대상 범위 등에 대한 규제 논의와 합의가 이루어져야 함은 두말할 나위가 없습니다.

정제형 | 고려대학교에서 학부와 석사를 마치고 플로리다대학교에서 농학박사 학위를 취득했다. 현재는 고려대학교에서 연구 교수로서 생명을 살리는 일인 농업과 그 발전에 조금이라도 보탬이 되고자 교육과 연구 활동에 매진하고 있다.

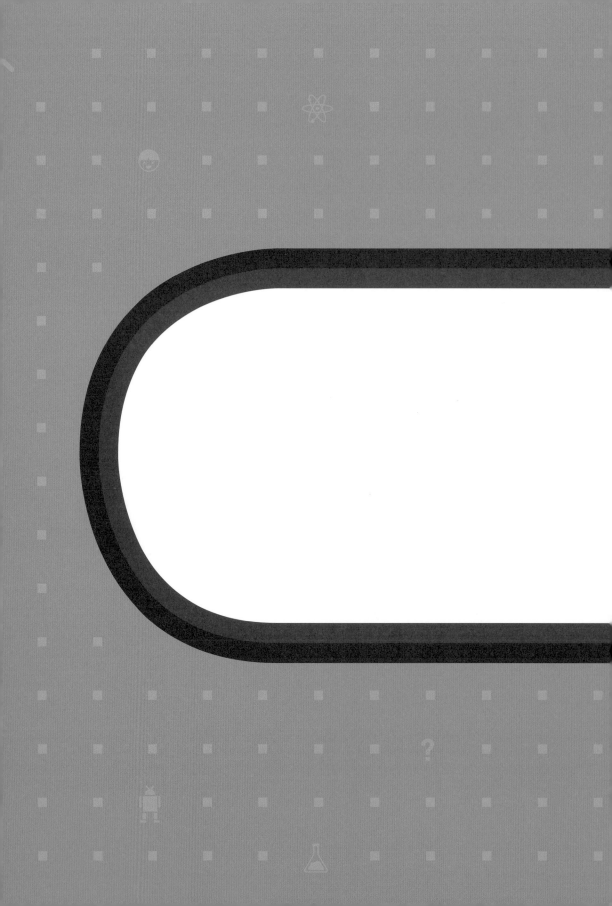

폴짝폴짝 뛰어오르기

|과학 야외실습실|

천문학은 인류의 역사 속에서 유일하게 살아 있는 과거를 연구할 수 있는 학문입니다. 이것이 천문학이 가진 최대의 매력이지요. 시간여행이라니, 정말 환상적이지 않나요?

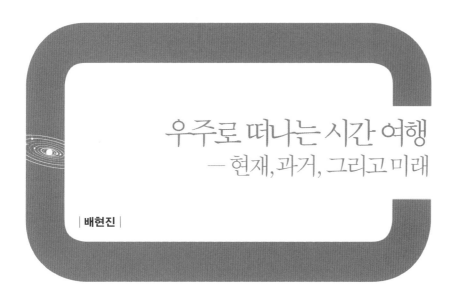

우주로 떠나는 시간 여행
— 현재, 과거, 그리고 미래

| 배현진 |

■　　누구나 한 번쯤은 시간여행을 상상해봤을 것입니다. 시간을 돌려서 과거를 바꾼다거나 미래에 가서 나와 내 가족이 어떻게 살고 있는지 보고 싶기도 하지요. 마치 찰스 디킨스의 소설 『크리스마스 캐럴』에 나오는 스크루지 영감처럼 말이죠. 뜬금없이 웬 시간여행 이야기냐고요? 오늘 여러분과 함께 시간여행을 할 예정이기 때문이에요. 정말로요. 궁금하지 않나요?

시간여행을 떠나요

제가 여러분께 시간여행을 시켜드릴 수 있는 것은 바로 천문학을 공부한 덕분입니다. 저는 지구에서 아주 멀리에 있는 은하들과 그 안에 있는 블랙홀을 함께 연구하고 있습니다. 그런데 천문학이 연구하는 대상들은 놀랍게도 모두 과거의 시간에 있어요. 다시 말하자면, 우리가 밤하늘에서 볼 수 있는 모든 천체는 정도는 다르지만 모두 현재가 아닌 과거의 모습이에요. 그 이유는 바로 빛의 속도가 유한하며 일정하기 때문입니다.

지금으로부터 약 100여 년 전인 1905년에 아인슈타인이 발표한 '특수상대성이론●'에 의하면, 진공에서의 빛의 속도는 일정한 값을 가지고 있습니다. 여러분도 잘 알고 있다시피 빛은 1초에 대략 지구 7바퀴 반, 1초에 299,792,458m를 움직이죠. 더욱 정확히 말하자면 과학자들이 빛의 속도를 이렇게 정의한 것이죠. 그래서 더 먼 거리에 놓인 천체를 본다는 것은 더 먼 과거에서 온 빛을 본다는 이야기가 됩니다. 예를 들어 지구에서 상대적으로 가까운 태양은 지구에서 빛의 속도로 약 8분 정도 가야 하는 거리에 떨어져 있어요. 그래서 태양이 갑자기 사라지더라도 우리는 8분 후에야 그 사실을 알 수 있게 됩니다. 또 다른 예로, 태양에서 가장 가까운 항성(별)은 빛의 속도로 약 4년을 가야 할 정도로 멀리 있지요.

저는 약 1억 년 전 과거에 놓인 은하들을 연구합니다. 이미 아시겠지만, 우리에게 빛의 세기는 거리의 제곱에 반비례하기 때문에 그 정도 멀리 놓인 은하에서 오는 빛은 매우 희미해져서 맨눈으로는 볼 수 없어요. 게다가 우주가 팽창하는 효과 때문에 빛의 에너지는 더욱 약해지고요. 그래서 천문학자들은 그렇게 희미한 빛을 보기 위해 망원경을 이용해요. 더 큰 망원경을 이용할수록 먼 과거에서 오는 희미한 빛을 볼 수 있습니다. 그래서 천문학자들은 종종 망원경을 타임머신이라고 부르곤 합니다.

이처럼 천문학자들은 현재라는 시간에 발을 디딘 채로 망원경이라는 타임머신을 이용하여 과거의 시간을 연구해요. 천문학의 이런 특징 덕분에 천문학자들은 다른 학자들이 하지 못하는 일들을 할 수 있습니다. 바로 시간에 따른 우주의 역사를 연구할 수 있다는 점이죠. 과거를 본다는 점에서 천문학이 마치 고고학과 비슷하다고 생각할 수 있지만, 천문학이 바라보는 과거는 정말로 살아 있는 과거예요. 우주의 과거를 실시간으로

●특수상대성이론
빛은 모든 등속으로 움직이는 관측자에 대해 같은 속도로 움직인다는 이론.

바라보는 것이죠. 천문학은 인류의 역사 속에서 유일하게 살아 있는 과거를 연구할 수 있는 학문입니다. 이것이 천문학이 가진 최대의 매력이에요. 시간여행이라니, 정말 환상적이지 않나요?

이런 특징 덕분에 천문학은 시간여행과 함께 인류가 가진 근원적인 질문들에 답할 수 있는 좋은 도구라고 생각합니다. 바로 우리의 현재, 과거, 그리고 미래에 대한 궁금증이죠. 먼저 '현재'는 말 그대로 우리가 현재 놓인 곳에 대한 궁금증이에요. 그리고 '과거'는 우리가 어디에서 왔는가에 대한 호기심입니다. 마지막으로 '미래'는 우리가 앞으로 어떻게 될지에 대한 기대와 두려움이죠. 천문학은 궁극적으로 이런 질문들에 대한 답을 찾아왔고 지금도 찾아가고 있어요. 그럼 저와 함께 시간여행을 떠나볼까요?

- 과거 : 우리가 어디에서 왔는가에 대한 호기심
- 현재 : 우리가 현재 놓인 곳에 대한 궁금증
- 미래 : 우리가 앞으로 어떻게 될지에 대한 기대와 두려움

현재, 우리는 어디에 살고 있을까?

먼저 우리의 현재를 같이 살펴봐요. 여러분은 모두 어디에 살고 있나요? 쉬운 질문인 것 같지만, 곰곰이 생각해보면 상당히 어려운 질문이라는

것을 알 수 있을 거예요. 누군가는 자신이 사는 동네를 이야기할 수도 있고, 우리나라를 이야기할 수도 있어요. 분명한 것은 여러분이 생각하고 있는 모든 게 틀린 답은 아닙니다. 하지만 과학은 더 정확한 답을 찾으려고 노력하죠.

여러분 모두 우리가 지구라는 행성에 살고 있다는 사실은 알고 있을 테니 지구에서부터 시작해보겠습니다. 지구는 태양계 내에서 유일하게 생명이 살고 있는 행성이에요. 태양과 적당한 거리를 유지한 덕분에, 그리고 적당한 크기와 질량 덕분에 지구는 액체로 된 물을 품고 있을 수 있게 되었고, 생명이 살 수 있는 행성이 되었지요.

지구가 태양을 포함한 태양계에 속해 있다는 개념은 기원전부터 있던 것으로 보이지만, 약 2세기에 고대 그리스의 천문학자인 프톨레마이오스 (Klaudios Ptolemaios, ?~?)가 천동설을 정립하면서 더욱 정교해졌습니다. 당시 프톨레마이오스는 지구가 우주의 중심에 놓여 있고, 지구 주위를 달, 행성, 그리고 태양이 원 궤도로 돈다고 설명했어요. 그리고 가장 바깥에 놓인 천구에는 항성(움직이지 않는 별)이 박혀 있다고 생각했지요. 이러한 천동설은 신학과 결부되어 마치 철학과 같은 역할을 하면서 천 년이

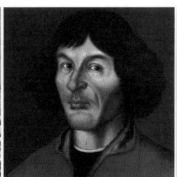

(왼쪽부터) 프톨레마이오스, 코페르니쿠스, 케플러

넘는 시간 동안 유지되었습니다. 천동설을 바탕으로 만든 달력이 잘 맞지 않는데도 말이죠.

그 후 16세기 폴란드의 사제이자 천문학자인 코페르니쿠스(Nicolaus Copernicus, 1473~1543)가 처음으로 지동설을 주장하면서 지구가 우주의 중심이라는 믿음은 무너지기 시작했습니다. 코페르니쿠스의 지동설은 모든 이들에게 충격을 주었지만, 여전히 행성의 운동을 완벽하게 설명하지 못한 까닭에 한계를 지니고 있었습니다. 시간이 흘러 17세기 독일의 천문학자인 케플러(Johannes Kepler, 1571~1630)가 행성들이 태양을 중심으로 원 궤도가 아닌 타원 궤도를 돈다는 사실을 처음으로 밝혀냈습니다. 그의 계산을 통해 사람들은 행성의 운동을 정확하게 계산할 수 있었고, 이를 통해 지동설은 차츰 정설로 받아들여지게 됩니다.

●케플러
화성에 관한 정밀한 관측 기록을 기초로 화성의 운동이 태양을 중심으로 하는 타원 운동임을 확인하고, 행성의 운동에 관한 케플러의 법칙을 발견하는 등 근대 과학 발전의 선구자가 되었다. 저서로 『우주의 신비』, 『광학』 등이 있다.

우주에 관한 '대논쟁'

이처럼 지동설과 천동설의 대립에 버금가는 일은 몇백 년이 지난 후에 한 번 더 일어나게 됩니다. '대논쟁'이라고 불리는 이 사건은 1920년 미국 천문학자 섀플리(Harlow Shapley, 1885~1972)와 커티스(Heber Curtis, 1872~1942) 간 열린 열띤 논쟁이었습니다.

섀플리는 구상성단(globular cluster)의 공간분포 연구를 통해서 우리 은하가 태양계에 비해 매우 크고(지름이 약 30만 광년), 태양계가 우리 은하의 변두리에 있다고 주장했습니다. 관측된 사실을 바탕으로 섀플리는 안드로메다 은하(당시에는 성운)와 같은 나선성운(spiral nebula)들은 우리

(왼쪽부터) 커티스, 섀플리

은하 내부에 위치한 천체라고 주장했지요. 하지만 커티스는 우리 은하의 크기가 섀플리가 주장하는 크기에 비해 10배나 작고, 태양계는 우리 은하의 중심에 위치한다고 보았을 뿐더러, 나선성운들은 우리 은하 밖에 있는 천체라고 주장했습니다.

논쟁의 승리는 누구에게 돌아갔을까요? 아쉽게도 당시에는 나선성운의 거리를 몰랐기 때문에 누가 옳은지 판단하기가 어려웠습니다. 5년이 지난 1925년, 허블(Edwin Powell Hubble, 1889~1953)이 처음으로 안드로메다 성운의 거리를 발표합니다. 그 결과 안드로메다는 우리 은하 크기보다 훨씬 멀리 있는 것으로 밝혀졌고, 나선성운의 본질에 대한 논쟁의 승자는 커티스에게 돌아갔습니다. 우주는 우리 은하와 같은 수많은 은하의 섬으로 이루어진 것이죠.●

하지만 커티스가 완전히 승리한 것은 아니었어요. 섀플리가 주장했듯이 태양계 역시 우리 은하의 중심이 아닌 변두리에 있는 것으로 밝혀졌기 때문이지요. 어찌 됐든 지구는 우주의 중심 자리를 내어주고, 수천 년에 걸쳐 점점 변두리로 밀려난 셈입니다.

지금까지 연구된 바에 따르면, 우리 은하에는 약 수천억 개의 항성이 있고 그들 중 상당수가 행성들을 가진 것으로 여겨집니다. 그리고 이런 은하들이 우주에는 수천억 개가 있다고 추측하고 있어요. 은하들은 수백여 개 정도 모여 은하단이라는 구조를 이루기도 하고, 더 멀리에서 보면 마치 벽과 같은 큰 구조를 이루는 것처럼 보이기도 합니다. 이처럼 은하 집단이 가진 구조를 우주 거대구조(large-scale structure)라고 부릅니다. 이러한 구조의 형태는 우주의 진화를 연구하는 데 아주 중요한 관측 증거가 되고 있습니다.

이렇게 보면 인류는 우주의 한쪽 구석에서 아주 작은 부분을 차지하고 사는 것처럼 보여요. 우리는 한때 지구가 우주의 중심이라고 생각했지만 이제는 아주 평범한 존재라는 것을 깨달았죠. 어쩌면 우리 우주(universe)도 하나(uni)가 아닌 여러(multi) 우주 중 하나일지도 모릅니다(multiverse). 그래도 기죽을 필요 하나도 없습니다. 왜냐하면 이러한 사실들을 알아낸 것 역시 평범한 사람들이니까요.

과거, 우리는 어디에서 왔을까?

다음으로 과거로 가보겠습니다. 우리는 과연 어디에서 온 것일까요? 이 질문을 받으면 일부는 생명은 어디에서 왔을까 궁금해할지도 모르겠어요. 하지만 생명현상 자체에 대한 기원은 아직도 잘 알려지지 않았다고 해요. 만약 그 기원이 밝혀졌다면 우리는 아마도 실험실에서 유기물로 인공적으로 만들어진 생명체에 대한 소식을 듣게 될 거예요. 그건 그다지 반가운 뉴스는 아닌 것 같지만, 언젠가 인류는 생명에 대해 모두 이해하게 될지도 모릅니다.

여기에선 생명이라는 현상에 앞서서 우리를 구성하는 물질들에 대해서 먼저 알아보겠습니다. 잘 알겠지만, 우리 몸의 대부분은 물로 이루어져 있어요. 그리고 근육 등을 구성하는 단백질과 그 외 지방, 미네랄 등이 있지요. 좀 더 자세하게 원소별로 나눠보면 산소, 탄소, 수소, 질소 순으로 많은 비율을 차지하고 있어요. 그럼 지구의 구성성분도 같이 살펴볼까요? 바로 산소, 규소, 알루미늄, 철과 같은 순서로 많은 비율을 차지하고 있지요. 우리 몸과 지구는 구성비만 따지고 본다면 산소가 제일 많다는 것을 제외하고는 특별한 공통점이 보이지는 않는군요.

그런데 지구에는 이보다 많은 원소가 존재합니다. 우리가 학교에서 배우는 주기율표에 이러한 원소들이 잘 정리되어 있죠. 화학자들은 발견한 원소 사이의 일정한 규칙을 발견해서 주기율표에 배치하고, 그러한 규칙 가운데 비어 있는 원소들을 나중에 찾아내기도 했어요. 지금까지 알려진

주기율표

원소는 118개입니다. 이런 원소 중에는 자연적으로 존재하지 않지만, 인공적으로 만들어진 원소들도 존재해요. 그렇다면 우리의 몸, 그리고 지구를 구성하는 원소들은 모두 어디에서 온 걸까요? 우주가 시작할 때부터 있던 걸까요? 아니 그 전에, 우주는 도대체 어디에서 온 걸까요? 함께 먼 과거로 돌아가 봅시다.

우주 대폭발, 빅뱅

우리 우주는 약 137억 년 전 대폭발(빅뱅)로 시작했다고 생각돼요. 우주가 갑자기 빵 터지며 생겼다고 해서 '빅뱅(Big Bang)'이라는 이름이 붙었지요. 그 장면을 한번 상상해보면 뭔가 좀 우습기도 하고 잘 믿어지지 않을 거예요. 1949년에 처음으로 '빅뱅'이란 이름을 붙인 천문학자 호일(Fred Hoyle FRS, 1915~2001)도 사실은 이 이론을 반대하며 놀리는 와중에 부른 이름이거든요. 하지만 이 이론은 적어도 독립적인 관측적 증거 세 가지가 있고, 현재까지도 가장 설득력 있는 우주 모델이에요.

빅뱅 이론의 가장 대표적인 첫 번째 증거는 외부은하가 보이는 후퇴 속도입니다. 은하들을 관측해보면 멀리 있는 은하일수록 우리로부터 더욱 빨리 멀어지고 있어요. 우주가 점점 팽창하는 것처럼 보이겠죠? 이걸 거꾸로 생각해보면 은하들은 아주 오래전 한 점에서 시작했다고 생각할

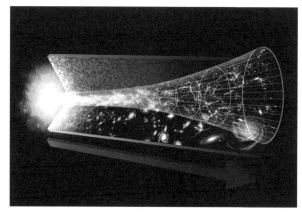

우주 대폭발, 빅뱅

수 있어요. 이러한 아이디어는 벨기에의 천문학자이자 사제였던 르메트르(Georges Henri Joseph Édouard Lemaître, 1894~1966)가 1927년에 처음 학술지에 발표했고, 미국의 천문학자 허블 역시 1929년도에 관련 연구 결과를 책으로 내기도 했습니다.

우주배경복사

두 번째 증거는 우주배경복사에요. 1964년도에 벨 연구소의 연구원이던 펜지어스(Arno Allan Penzias)와 윌슨(Robert Woodrow Wilson)이 처음으로 발견했지요. 그들은 전파안테나에서 검출되는 잡음을 제거하던 중에 아무리 해도 없어지지 않는 잡음을 발견했어요.

전파안테나로 관측된 측정값은 온도로 표현되기도 하는데, 이는 절대온도°로 약 3도(3K)에 해당하는 온도였지요. 이 신호는 우주 전역에서 관측되었는데, 이는 다시 말하면 우주가 일정한 온도를 갖고 있다는 뜻이기도 했어요. 앞의 우주팽창과 연결시켜 보면 우주는 처음에 매우 뜨거웠다가 팽창하면서 점점 식었다는 것을 추측해볼

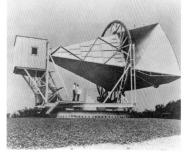

펜지어스와 윌슨. 그들이 사용한 전파안테나

●절대온도
온도의 국제표준단
위. 열역학적 온도
로. 절대영도는 섭씨
−273.15℃다.

●쿼크
양성자, 중성자와 같
은 소립자를 구성하는
기본 입자.

●양성자
중성자와 함께 원자핵
의 구성 요소인 소립
자의 하나. 질량은 전
자의 약 1,800배이고
양전하를 가지며 전기
량은 전자와 같다.

●중성자
수소를 제외한 모든
원자핵을 이루는 구성
입자. 전하를 갖고 있
지 않다. 붕괴하면 양
성자 한 개, 전자 한
개, 반중성 미자 한 개
로 분리된다. 양성자
와 함께 원자핵을 구
성하는 입자.

●지평선 문제
우주공간의 양끝에서
정보를 교환할 수 없
음에도 불구하고 모든
방향에서 등방성을 보
인다는 것.

●편평도 문제
우리 우주는 관측상
정확히 편평한 우주에
가깝다는 것.

수 있지요. 이는 빅뱅 우주론을 주장한 가모프(George Gamow, 1904~1965) 등이 예측했던 것에서 크게 벗어나지 않는 값이기도 했습니다.

핵융합

세 번째 증거는 빅뱅 핵융합입니다. 앞서 살펴본 것처럼 우주가 대폭발로 태어났다면 우주가 생성된 초기에는 그 온도가 매우 뜨거웠을 거예요. 계산에 의하면 우주의 나이가 1초가 되는 사이에 쿼크(quark)●들이 모여 양성자●와 중성자●가 만들어져요. 그리고 우주가 1초에서 3분 사이에 100억 도(K)에서 1억 도(K) 정도의 온도를 가지게 되고, 양성자들 사이에서 핵융합이 일어나 헬륨, 리튬 등의 원소들이 만들어지는 것이 예측되었어요. 이를 빅뱅 핵융합이라고 부릅니다. 그리고 놀랍게도 현재 우주에서 관측되는 원소의 양이 빅뱅 핵융합이 없이는 설명이 잘 안 되고 있죠. 이정도면 빅뱅이론을 꽤 성공적인 이론이라고 부를 만하지요?

이처럼 성공적으로 보이는 빅뱅 우주론도 처음엔 완벽한 이론이 아니었어요. 빅뱅이론으로는 몇 가지 설명할 수 없는 약점이 있었지요. 대표적으로 지평선 문제(horizon problem)●와 편평도 문제(flatness problem)●가 있어요. 이를 보완하기 위해 등장한 가설이 바로 '초팽창 이론(Inflation Theory)'이에요. 우주가 초기에 매우 빠른 속도로 팽창했다는 의미죠. 이이론으로 빅뱅 우주론의 문제들을 해결하긴 하지만 초팽창 이론 자체의 문제들도 여전히 남아 있어요. 다시 얘기하자면 우리는 우리 우주를 아직 100% 이해하진 못하고 있다는 것이지요.

원소들의 탄생

그럼 다시 원소들의 기원으로 돌아가 볼게요. 빅뱅 핵융합은 원소번호가 낮은 원소들의 형성은 가능했지만 탄소나 철처럼 무거운 원소들은 만들지 못했어요. 이런 원소들을 만들어낸 곳은 바로 무거운 별 내부예요. 별은 처음 만들어진 질량에 따라 그 최후가 결정되는 가혹한 운명을 타고났어요. 예를 들어 태양 같은 질량을 갖고 있는 별은 최후에 백색왜성●이 되지만, 이보다 더 무거운 별들의 경우에는 중성자성●이 되거나 블랙홀●이 되기도 합니다.

별들은 내부에서 핵융합을 통해서 빛을 내게 됩니다. 수소 4개가 모여 헬륨 1개가 되는 수소 핵융합이 대표적인 과정이죠. 무거운 질량의 별들은 내부 온도가 더 높고, 이처럼 더 높은 온도에서는 탄소나 산소와 같은 무거운 원소들이 만들어집니다. 우리 몸과 지구를 구성하는 원소 중에서 수소를 제외한 나머지 원소들은 이처럼 무거운 별에서 만들어졌어요. 그러나 매우 무거운 질량의 별이라 하더라도 그 내부에서 만들 수 있는 원소는 철보다 무거울 수 없어요. 대신 철보다 무거운 원소들은 별들이 최후를 맞아 폭발하는 순간에 중성자 포획● 과정을 통해 만들어집니다. 폭발하는 과정에서 별 내부에서 만들어진 원소들도 바깥 구경을 하게 되는 것이죠. 그 잔해들은 다시 오랜 시간에 걸쳐 별과 행성을 만들며 다시 이 과정을 반복합니다. 그리고 그사이에 어쩌면 우리와 같은 생명이 잠시 나타날 수도 있겠지요.

●백색왜성
밀도가 높고 흰빛을 내는 항성. 지름은 지구와 비슷하고 질량은 태양과 비슷하다.

●중성자성
주로 중성자로 이루어졌다고 생각되는 밀도가 아주 높고 크기가 작은 천체.

●블랙홀
초고밀도에 의하여 생기는 중력장의 구멍. 항성이 진화의 마지막 단계에서 한없이 수축하여, 빛을 빨아들일 만큼 밀도가 높아지면서 생겨난다.

●중성자 포획
중성자에 의해 생기는 핵반응 과정으로, 원자핵이 중성자 1개를 핵 안으로 거두어들이는 현상을 말한다.

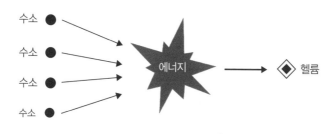

수소 핵융합

이런 이유로 우리는 스스로를 별찌꺼기(stardust)라고 부르기도 합니다. 별에서 태어난 존재라는 것을 의미하죠. 밤하늘에 뜬 별들을 바라보며 황홀함을 느끼고, 태양을 바라보며 경외감을 느끼는 것은 어쩌면 우리가 별에서 온 존재이기 때문일지도 모르겠습니다.

미래, 우리는 앞으로 어떻게 될까요?

현재와 과거를 살펴봤으니 마지막으로 미래를 살펴볼 차례입니다. 우리는 앞으로 어떻게 될까요? 우리는 내일 하루 일어날 일도 정확히 예측하기가 어렵습니다. 하지만 천문학은 과거와 현재의 관측에서 찾은 결과와 규칙을 바탕으로 미래에 일어날 일들을 상당히 정확하게 추측할 수 있어요. 그럼 하나씩 살펴보겠습니다.

태양계의 미래는?

앞서 말했듯이 모든 별의 운명은 그 별이 태어날 때의 질량으로 결정됩니다. 다행히도 우리 지구에 엄청난 에너지를 쏟아부어 주는 태양은 아주 평균적인 특징을 가지고 있는 별이지요. 현재 태양의 나이는 약 50억 살인데, 천문학자들은 태양이 지금보다 약 70억 년 더 살 것으로 예측합니다. 앞으로 약 10억 년이 지날 때마다 태양은 약 10%씩 밝아지기 때문에 10억 년 정도의 시간이 지난 이후에는 지구에 생명이 살기는 매우 어려울 거예요. 그 전에 인류는 새로운 보금자리를 찾아야겠죠.

그 후 태양의 수명이 다할 무렵이 되면 태양은 급격한 변화를 거치게 되는데 이를 적색거성* 단계라고 부릅니다. 이 단계에서 태양은 점점 부풀어 올라 반지름이 무려 지구와 화성 궤도 사이에 놓일 정도가 됩니다. 그리고 최후에 이르러서 태양은 자신의 바깥 부분을 대부분 우주 공간으로 날려버리고 내부는 백색왜성으로 진화하게 되죠. 백색왜성이 된 태양

● 적색거성
중심핵에서 수소가 다 타고 진화 단계에 있는 항성. 본래 크기의 100배까지 팽창하며, 표면 온도는 낮다.

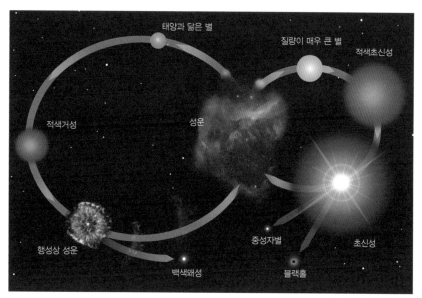

별의 생애

은 처음엔 밝게 빛나지만, 에너지를 새롭게 생성하지 않기 때문에 결국에는 어두워져서 보이지 않게 됩니다. 지금 우주 나이보다도 더 많은 시간이 지나면 말이죠.

우리 은하의 미래는?

태양이 속해 있는 우리 은하는 아주 가까이에 안드로메다 은하를 이웃으로 두고 있어요. 두 은하의 모습은 비슷하게도 나선팔(spiral arm)을 가지고 있지요. 지구에서 안드로메다 은하 사이의 거리는 대략 250만 광년, 즉 빛의 속도로 250만 년을 가야 하는 거리예요. 그런데 흥미롭게도 우리 은하는 안드로메다 은하에 초당 110km 정도로 가까워지고 있어요. 가장 최근 연구 결과에 의하면 우리

소용돌이 모양의 나선팔

은하와 안드로메다 은하는 약 40억 년 뒤에 충돌할 것으로 예상된다고 합니다. 이처럼 두 나선은하끼리 충돌하면 무슨 일이 일어날까요? 두 은하가 일으키는 격렬한 충돌은 새로운 별을 만들기도 하고 이미 있던 별들을 일부 날려버리기도 해요. 그리고 최종적으로 큰 타원은하를 형성할 것이라고 추측하죠. 하지만 그거 아세요? 이러한 격렬한 병합 과정 중에도 별끼리의 충돌은 거의 일어나지 않아요. 별의 크기에 비해 별들의 간격이 너무 멀기 때문이죠.

우주의 미래는?

최신 연구결과에 의하면 우리 우주는 현재 가속팽창을 하고 있다고 합니다. 가속팽창은 말 그대로 팽창속도가 줄어들지 않고 계속 증가하고 있다는 의미에요. 1990년대 말, 두 개의 독립적인 연구팀에서 먼 우주에 있는 초신성*들을 관측해보니 그 밝기가 기대하는 밝기와 차이를 보였어

●초신성
보통 신성보다 1만 배 이상의 빛을 내는 신성. 질량이 큰 별이 진화하는 마지막 단계로, 급격한 폭발로 엄청나게 밝아진 뒤 점차 사라진다.

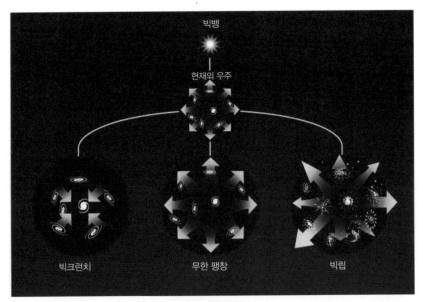

우주의 미래 예측

요. 그리고 이 밝기 차이는 암흑에너지가 70% 이상 채워져 있는 우주모형과 일치했죠. 아인슈타인이 빅뱅 이론에 대립하는 정적인 우주모형을 만들면서 도입했던 '우주상수'와도 비슷한 특성을 갖기 때문에 암흑에너지를 우주상수라고 부르기도 합니다.

우주상수는 기본적으로 모든 것을 밀어내는 성질을 가지고 있어서, 우주에 암흑에너지가 많다는 것은 우주가 가속팽창을 겪는다는 것을 의미합니다. 이러한 우주에서는 은하들끼리의 거리는 영원히 멀어지게 되어버려요. 언젠가 더는 새로운 별이 만들어지지 않고, 남아 있던 별들도 수명을 다하게 되는 날에는 우주는 단지 거대하고 깜깜한 공간으로 남게 된답니다.

인류의 미래는?

앞에서 살펴본 아주 먼 훗날 우주의 변화에 훨씬 앞서 인류는 스스로 큰 난관에 봉착해 있어요. 인류의 무차별한 경제활동에 기인한 급격한 기후변화로 지구 환경이 급격히 변하고 있고, 이로 인한 자연재해는 인류의 삶을 위기로 몰아넣고 있지요. 그리고 미래세대를 돌보지 않는 난개발로 지구는 점차 제 모습을 잃어가고 있습니다.

이런 와중에 인류는 '케플러'와 같은 위성을 통해 다른 항성계에 놓인 행성들을 열심히 찾고 있어요. 그리고 언젠가는 이런 외계 행성들 중에서 지구와 같은 환경을 갖는 행성을 찾기를 희망하고 있지요. 하지만 안타깝게도 인류는 지구와 같은 외계 행성을 찾지 못했습니다. 또한 찾는다고 하더라도 그곳까지 이주하는 것은 인류에게 굉장히 어려운 도전이 될 것입니다.

다시 지구로 돌아오며

우리는 지금까지 우리의 현재와 과거, 그리고 미래를 함께 살펴봤습니다. 이 여행이 마음이 들었나요? 그렇다면 우리의 여행이 시작된 지구를 다시 한 번 돌아봐주세요. 여러분 가족들과 친구들을 한 번 더 살펴봐주세요. 우리가 사는 이곳이 더욱 아름답고 소중하게 느껴질 것입니다.

인류는 우주의 한쪽 구석, 평범하게 흘러가는 시간의 흐름 속 찰나의 순간, 아주 특별하게 놓여 있는 지구라는 공간 속에 살고 있어요. 그게 우리가 살고 있는 우주이고, 시공간이에요.

저는 이렇게 특별한 시공간 속에서 여러분을 만나 함께 시간여행을 할 수 있어서 정말 기뻤습니다. 마지막으로 한 가지만 기억해주세요. 지구는 이렇게 넓은 우주에 우리가 유일하게 아는 보금자리라는 것을 말이죠!

배현진 │ 연세대학교 천문우주학과 박사과정 연구원. 중학생 시절, 우연히 망원경을 통해 행성을 바라본 뒤 우리가 우주 안에 살고 있다는 사실을 새삼스럽게 깨달았다. 그 후 연세대학교 천문우주학과에 진학하여 학부 및 석사과정을 마쳤고, 여전히 호기심을 잃지 않고 꾸준히 우주를 탐구하고 있다. 현재는 무거운 은하들의 중심부에 놓인 초거대 블랙홀에서 일어나는 물리적 현상들과 이런 블랙홀이 모은하의 진화에 주는 영향을 함께 연구하고 있다.

과학은 새로운 사례가 발견됨에 따라 기존의 이론에 결함이 생기면 그것을 보완하는 쪽으로 발전합니다. 새로운 이론이 생겼다 사라지기도 하고, 기존의 이론이 새로운 옷으로 갈아입고 다시 나타나기도 하지요. 이런 식으로 과학은 현상을 좀 더 질서정연하고 완벽하게 표현하려고 노력합니다. 그리고 그 과정을 통해 발전한 지금의 과학 역시, 여전히 많은 문제를 내포하고 있습니다.

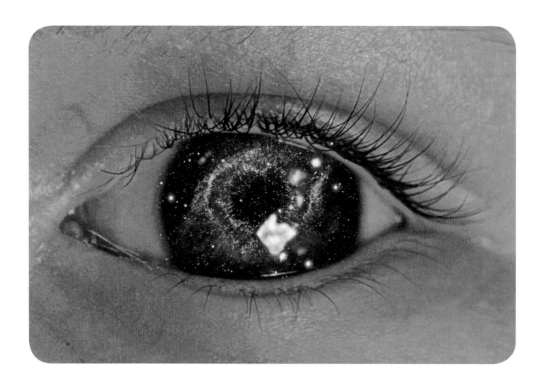

우주, 그 패러다임의 변화

| 민태홍 |

■　　　여러분은 우주하면 어떤 것이 떠오르나요? 이번 시간에는 우주와 관련된 인식을 바꾼 혁명적 사건에 대해 얘기해보려고 합니다. 그리고 이런 사건들이 어떻게 일어날 수 있었는지 짚어보겠습니다. 우주와 관련해서 본 과학적 사건으로는 뉴턴의 고전 역학을 깨트린 아인슈타인의 상대성이론, 아인슈타인이 우주상수까지 도입하면서 지키려고 했던 정상우주론을 깨트린 조르주 르메트르의 빅뱅 우주론 등 여러 사건이 있습니다.

　하지만 여기에서는 '과학혁명! 생각의 전환!' 하면 떠오르는 대표적인 사건을 설명하려 합니다. 천동설에 의해 멈춰 있던 지구가 어떻게 '코페르니쿠스적 전환'으로 유명한 지동설로 이동하게 되었는지 자세히 알아보겠습니다.

세상은 무엇으로 이루어져 있는가?

여러분, 우주는 무엇으로 이루어져 있다고 생각하나요?

> 😊 우주는 작은 원자로 이루어져 있다고 생각해요.
> 😊 아니요. 우주는 쿼크라는 물질로 이루어져 있어요!
> 😊 우주는 작고 진동하는 끈으로 이루어져 있댔어요.
> 😊 힉스 입자인가?

생각했던 것보다 훨씬 잘 알고 있네요. 소립자에 질량을 부여한다는 힉스 입자(Higgs boson)는 발견되었지만, 상대성이론과 양자역학 사이의 중력에 대한 문제는 아직 해결하지 못했고, 초끈이론(super-string theory)●이 등장했지만, 실험적으로 증명하지 못해 여전히 우주의 가장 작은 단위가 무엇인가에 대해서는 논란이 일고 있습니다.

●초끈이론
우주를 구성하는 최소 단위를 끊임없이 진동하는 끈으로 보는 이론.

　그렇다면 옛날 사람들은 세상이 무엇으로 이루어져 있다고 생각했을까요? 고대 서양 철학자들을 보면 현미경이나 원자가속기 같은 마땅한 실험 기구가 없었기 때문에, 오직 감각과 사유를 통해서 세상을 알아내려 했어요. 탈레스는 물로, 피타고라스는 숫자로, 아낙시메네스는 공기로, 헤라클레이토스는 불로, 엠페도클레스는 물·불·흙·공기로, 데모크리토스는 원자로 세상의 근원을 설명하려 했습니다.

　이 중 엠페도클레스는 '물·불·흙·공기는 세상의 근원이며, 이 근원들이 서로 사랑하거나 다툼으로써 세계가 만들어졌다'는 이론을 통해 세상의 움직임을 표현하려 했습니다. 꽤 낭만적이지 않나요?

고대에서 르네상스까지, 서양 과학의 절대자 아리스토텔레스

이런 낭만적인 이론이 마음에 들었던지 엠페도클레스의 이론을 받아들이고 확장한 인물이 있었는데 바로 고대 이론의 절대자 아리스토텔레스(Aristoteles, BC 384 ~ BC 322)입니다. 아리스토텔레스는 이데아로 유명한 플라톤의 제자이자 알렉산더 대왕의 스승으로도 유명하

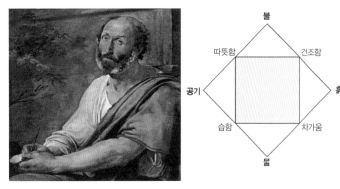

아리스토텔레스와 그가 생각한 자연의 운동

지만, 고대 서양의 과학, 철학, 정치학, 윤리학, 예술 등에서 절대적인 영향력을 끼친 인물이기도 합니다.

그는 엠페도클레스의 이론을 바탕으로 세상의 운동론과 우주론을 확립하려 했습니다. 그는 사물의 가장 자연스러운 상태를 정지로 보았습니다. 사물이 움직이는 것은 원래의 위치에서 벗어났기 때문에 원래의 자리로 돌아가려는 것으로 보았지요. 흙과 물은 지구의 중심, 불과 공기는 천구가 원래의 위치로 그곳으로 가기 위한 과정이 바로 아리스토텔레스가 생각한 자연의 운동입니다. 그는 이것으로 사과가 바닥으로 떨어지는 중력을, 공기의 대류를, 불의 연소를 설명합니다. 예를 들어 불이 위로 하늘거리는 이유는 불이 원래 위치에 있던 천구로 가기 위해 움직이는 것으로 보았습니다.

만약 그렇다면 화살이 날아가는 원리를 아리스토텔레스는 어떻게 설명할까요? 원래대로라면 바로 땅(지구의 중심)으로 떨어져야 할 텐데 말이죠. 아리스토텔레스의 운동론에서는 부자연스러운 현상입니다. 그는 그 이유를 공기 때문이라고 설명합니다. 화살이 빠르게 날아가면 화살촉 앞부분이 순간적으로 압축되고 이때 뒤에 생기는 공기의 진공을 메우기 위해 뒤로 빠르게 움직입니다. 자연은 진공을 싫어하기 때문에 이런 식으로

화살이 앞으로 나아간다는 것이죠.

자, 이제 고대 서양 사람들이 생각하는 세상의 근원은 물·불·흙·공기이고, 그 근원들이 원래 있던 장소로 이동하면서 세상에 움직인다는 것을 알았습니다. 이것을 이용해 한 가지 가정해볼게요. 만약 지구가 움직인다면 어떻게 될까요?

🙎 엄청나게 큰바람이 불 것 같아요.

맞습니다. 지구 앞에 압축된 공기가 비어 있는 뒤 공간으로 날아가면서 거센 바람이 불고 우리는 모두 날아가 버리고 말 거예요. 따라서 아리스토텔레스는 지구가 아닌 천구가 움직인다고 생각했어요. 그리고 천구는 지구와는 구분되는 세계로 인식했는데요, 지구에는 없는 제5의 원소인 에테르(Aether)라는 투명한 물질로 가득 찬 우주를 상상했지요. 그의 이론에서 에테르는 우주에서 줄어들거나 많아지지도 않고, 무게도 없을뿐더러 본성에 따라 원운동을 합니다. 별이란 이 에테르가 굳은 형태의 모습이라 볼 수 있습니다. 그 당시 많은 철학자가 각각 자신의 우주관을 만들고 주장했지만, 결국 고대에 가장 널리 받아들여진 우주론은 아리스토텔레스의 우주론이었습니다.

천동설의 오류를 없애는 프톨레마이오스
아리스토텔레스는 그 이전까지의 현상에 일종의 질서를 부여하면서 분야를 막론하고 막강한 이론들을 많이 만든 것으로 유명합니다. 하지만 그의 권위 때문이었을까요? 기원전 4세기경의 이론은 몇 번 공격은 당하지만, 약 500년이 지난 2세기경 그리스의 한 천문학자에게까지 안전하게 이어집니다.

그동안 아리스토텔레스의 천동설에는 많은 문제가 있었어요. 일정하게 원운동을 해야 하는 태양이나 달은 시간에 따라 회전 속도가 바뀌고, 행성들은 정지했다 뒤로 가는 일도 있었지요. 게다가 갑자기 어디선가 나타났다 사라지는 혜성의 존재는 아리스토텔레스에게 재앙과 같았습니다. 그때마다 그는 새로운 천구를 삽입하거나, 혜성은 천구에 있는 별이 아닌 지구의 대기현상이라 말하면서 위기를 모면하려 했지요. 하지만 이렇게 복잡해질 대로 복잡해진 천동설은 문제가 많았어요.

프톨레마이오스의 우주관

이 이론이 실제 관측과 잘 맞지 않는다는 건 공공연한 사실이었습니다. 이를 창의적으로 해결한 이가 있으니 바로 그리스 알렉산드리아의 천문학자이자 점성술사인 프톨레마이오스였습니다. 천구의 원 안에 다시 작은 원을 넣고, 지구를 큰 원의 중심에서 약간 이탈시킴으로써, 태양과 달의 속도 변화와 행성의 불규칙한 움직임에 대한 근거를 맞춰 나갔습니다. 아리스토텔레스의 우주론이 가지고 있던 오류를 바로잡아 나간 것이죠.

코페르니쿠스적 전환?

이 이론은 중세시대의 종교가 받아들이면서 더욱 확고한 위치를 점하게 됩니다. 그의 천동설이 공격받기 시작한 건 르네상스가 시작되면서입니다. 분명 프톨레마이오스에 의해 수정된 천동설은 아리스토텔레스의 우주론보다 관측에 대한 오차가 적었습니다. 하지만 보완할 대로 보완한 이론은 여전히 별들의 움직임을 설명하기에는 문제가 많았고 너무 복잡했습니다. 새로운 이론이 필요하던 시기였지요.

😈 그렇다고 사람들이 지구가 움직인다는 사실을 받아들일 준비가 되었을까요?

분명한 사실은 지동설을 주장하는 인물은 역사적으로 계속해서 나왔다는 겁니다. 기원전 3세기에 그리스의 천문학자 아리스타르코스(Aristarchos, BC 310? ~ BC 230?)부터 시작된 지동설은 천동설에 의해 계속해서 억눌려왔으나, 결국 천동설로는 설명할 수 없는 부분들이 쌓이고 쌓이면서 사람들은 새로운 이론에 서서히 눈을 돌리기 시작한 거죠. 생각의 전환이 일어날 수 있는 환경적 토대가 드디어 마련된 것입니다.

폴란드의 천문학자이자 신학자였던 코페르니쿠스(1473~1543)는 기존의 천동설에서 행성궤도의 중심을 지구에서 태양으로 바꾸고 천구의 회전을 지구의 자전으로 바꾸면 훨씬 단순하게 천구의 움직임을 설명할 수 있다는 것을 깨닫습니다. 그 유명한 '코페르니쿠스적 전환'이 일어난 것이지요.

코페르니쿠스의 책 『천체의 회전에 대하여』

하지만 이 전환이 큰 영향력을 발휘하려면 조금 더 기다려야 했어요. 천동설이 중세 종교와 결합해 막강한 힘을 발휘하고 있었고, 코페르니쿠스도 『천체의 회전에 대하여』(1543)를 출간한 지 얼마 후 세상을 떠나버렸기 때문이죠. 이론적으로도 지동설은 그때까지 많은 오류를 내포하고 있었습니다. 예를 들면 가장 큰 문제인 지구가 움직이는데 왜 큰바람이 불지 않는지를 설명하지 못했습니다. 사람들에게는 많은 오류가 있지만 천동설이 틀렸다는 큰 증거도 없을뿐더러 지동설이 있어야 할 이유도 없었던 것이죠.

아리스토텔레스의 천구를 부순 갈릴레이

이론이 아무리 참신하고 좋다고 해도, 큰 반향을 일으키기 위해서는 결정적인 증거가 있어야 합니다. 확고한 이론인 천동설이 이제 막 크기 시작한 지동설로 움직이기 위해서는 천동설을 지지하는 이론을 하나씩 부술 필요가 있었습니다.

그 시작은 코페르니쿠스가 죽고 약 70년 후에 일어납니다. 이탈리아의 천문학자이자 물리학자인 갈릴레이(Galileo Galilei, 1564~1642)는 1608년 네덜란드에서 망원경을 만들었다는 소문을 듣고 그것을 보완한 망원경을 이용해 우주를 관찰하기 시작합니다. 그는 천체에 있는 달, 태양, 목성 등을 관찰하기 시작했는데 관찰한 하늘은 그에게 큰 충격을 안겨주었습니다. 순수하고 신성한 물질인 에테르가 응고해서 생성되었다고 믿은 달은 에테르로 이루어져 있다고 하기에는 수많은 요철이 있었고, 지구보다 훨씬 황폐했습니다.

태양에는 검은 흑점이 나 있었는데, 그것은 시간이 지남에 따라 이동했습니다. 태양이 자전한다는 것을 관측을 통해 알아낸 것이죠. 목성에서 갈릴레이는 목성을 도는 4개의 위성을 발견했는데, 이는 모든 천체가

갈릴레이와 책 『두 가지 우주 체계에 관한 대화』

지구를 도는 것이 아니라는 걸 증명하는 꼴이 됩니다. 결국 『두 가지 우주 체계에 관한 대화』(1632)라는 책을 내면서 코페르니쿠스의 이론을 지지하게 되지요. 하지만 이 책은 종교계와 많은 사람으로부터 비판을 받습니다. 눈으로 성스러운 천구를 관찰하던 것을 신뢰하는 사람들은 망원경을 통한 천체의 관측은 현상을 왜곡할 수 있다며 불신을 드러냈고, 만약 기존의 천동설이 틀렸다는 게 밝혀져도 그것이 지동설이 맞다는 주장이 되는 건 아니라며 반박했습니다.

😀 사람들이 망원경을 믿지 않았다는 게 신기해요.

현대의 과학자들은 반대로 자신의 시각 같은 감각기관보다는 실험기구로 측정된 정보를 바탕으로 이론을 만드는 경우가 많습니다. 그 당시에 단순히 감각이 아닌 실험기구를 활용해서 자연을 측정할 수 있는 범위를 넓혔다는 점에서 망원경의 이용은 큰 의미가 있습니다. 하지만 망원경이 발명되기 이전에도 오직 자신의 두 눈과 끈기로 천체를 관측해 의미 있는 자료를 남긴 유명한 인물들도 있었기 때문에 이미 증명된 인간의 눈을 대체할 수 있는 물건인지에 대해 의문이 든 것이겠지요.

천동설과 지동설의 교차점, 티코 브라헤의 우주론
망원경이 아닌 눈으로만 관측해 별에 대해 많은 자료를 남긴 사람으로는 덴마크의 천문학자 티코 브라헤(Tycho Brahe, 1546~1601)를 들 수 있습니다. 그는 덴마크 국왕의 후원을 받아 유럽 최고의 천문대 우라니엔보리(Uraniborg) 천문대에서 무려 20년간 천문 관측을 할 수 있었습니다.
망원경이 발명되기 전의 시대였지만 그는 다행히도 그 당시의 천문학자들이 그렇듯 좋은 시력을 가지고 있었습니다. 그는 끈기 있게 별들을 하나씩 관측해 나갔고,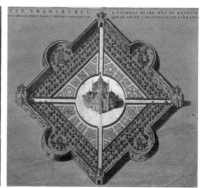
700개가 넘는 별자리
를 새로 만들기도 합
니다. 그는 자신이 관
측한 자료를 토대로
프톨레마이오스의 천
동설, 코페르니쿠스의
지동설과도 구분되는

브라헤와 우라니엔보리 천문대

자신의 우주관을 만들게 됩니다. 수성·금성·화성·목성·토성이 태양을
중심으로 돌고, 다시 그 태양이 지구를 중심으로 돈다는 체계를 만들어
놓습니다. 이 이론은 우주의 중심을 여전히 지구로 두고 있었고, 천체의
움직임은 지동설과 비슷한 방식으로 설명할 수 있었습니다. 두 이론의 타
협점을 제시한 것이지요.

티코 브라헤는 천구에 관해 의문을 느끼기도 합니다. 그가 관측을 통
해 발견한 초신성과 혜성의 존재는 천구에는 있어서는 안 될 현상이었기
때문이죠. 하지만 과연 천구가 없다면 저 별들은 무엇으로 움직이고 있는
것일까요?

원의 궤도를 찌그러트린 케플러

브라헤가 관찰을 중심으로 이론을 펼쳤다면, 그 자료 안에서 논리적 모
순을 발견함으로써 새로운 이론을 정립한 사람이 있습니다. 바로 브라헤
의 제자이자 독일의 천문학자인 케플러지요.

케플러는 평생을 제대로 된 후원자를 찾지 못해 평생 가난하게 살며
떠돌았지만, 반강제로 덴마크를 떠나 프라하로 온 브라헤가 죽기 1년 전
다행히 그의 천문대 조수로 들어가면서 브라헤 사후 그가 남긴 천체에

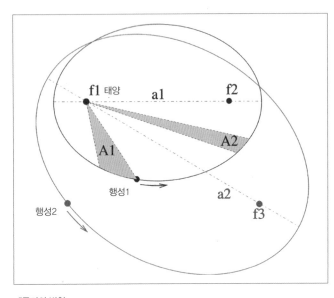

케플러의 법칙

관한 모든 관측 기록을 손에 넣을 수 있었습니다. 그는 브라헤의 자료를 분석하여, 천체의 운동을 하나하나 분석해 나갔고, 행성이 태양을 기준으로 원이 아닌 타원의 궤도를 따라 움직이는 것으로 가정하면 훨씬 관측 자료와 잘 부합한다는 것을 알았습니다.

그는 책 『신천문학』(1609)에서 태양과 천체 사이의 회전 방식을 설명했습니다. 태양은 타원 궤도의 두 초점 중 하나의 자리에 위치하고(제1법칙), 태양과 가까운 지점에서 행성이 더 빠르게 움직인다는 것을 관측 자료를 통해 증명합니다(제2법칙). 마지막으로 행성들의 공전주기를 수학적으로 설명함으로써(제3법칙) 그 유명한 '케플러의 법칙'을 완성해 나갑니다. 이 법칙들을 통해 그의 스승이었던 티코 브라헤와는 달리 지동설을 간접적으로 옹호하죠. 하지만 케플러도 왜 행성들이 이렇게 움직이는지에 대해 보편적인 설명은 하지 못합니다. 별들은 과연 아리스토텔레스가 제안한 신성한 물질인 에테르의 본성에 의해 움직이고 있는 것일까요? 케플러에 의해 행성의 움직임에 대한 질서를 찾아내긴 했지만, 왜 행성이 그렇게 움직이는가에 대해서는 아직 풀리지 않았습니다.

지동설을 수학으로 증명한 뉴턴

이러한 모든 의문에 답을 내리기 위해서는 운동론에 대한 근본적인 개혁이 필요했습니다. 그리고 그런 개혁을 일으킨 사람은 영국의 물리학자이자, 천문학자였던 뉴턴(Isaac Newton, 1642~1727)입니다. 1665년 페스트가 영국을 뒤덮을 당시, 트리티니 칼리지에서 공부를 하고 있던 그는 대학이 강제로 문을 닫아 결국 고향으로 내려가게 됩니다. 아이러니하게도 대학에서 벗어난 그는 오히려 거기서 과거의 과학자들의 자료를 바탕으로 '운동'에 대한 자신만의 이론을 구축해 나가지요. 제 생각으로는 그에게 가장 중요한 영향력을 끼친 인물이 저는 갈릴레이가 아닐까 합니다.

갈릴레이는 사실 망원경을 통해 천체를 관측했을 뿐 아니라 자유낙하 실험과 관성에 대한 사고 실험을 한 과학자로도 유명합니다. 공기의 저항이 없다면 무거운 추와 가벼운 깃털은 같은 속도로 떨어진다는 것과 만약 작은 구슬을 매끄러운 경사면을 이용해 굴렸을 때 아무런 외부의 저항이 없다면 구슬이 끝없이 굴러갈 수 있다는 실험은 뉴턴에게 관성과 가속도에 대한 실마리를 제공했습니다. 게다가 그 이전의 사람들과 달리 갈릴레이는 실험과 측정으로 현상을 파악하려고 했지요.

뉴턴은 그 이론과 방식을 확장해 나갑니다. 공기의 저항력이 깃털이 떨어지는 속도를 늦추듯이 마찰은 구슬의 움직임을 방해하는 일종의 힘이라고 생각합니다. 이 외부의 힘이 없다면 구슬은 움직임을 유지할 것이라는 생각이지요. 그렇다면 구슬이 그것보다 빨리 움직이려면 어떻게 해야 할까요? 뒤에서 밀어주면 되겠죠. 이 미묘한 생각의 차이는 중요합니다. 다른 과학자들이 힘이 없는 상태를 사물의 정지로 규정하고 사물이 움직이는 것을 어떤 힘의 작용이라고 생각하는 데 비해서, 뉴턴은 힘을 가

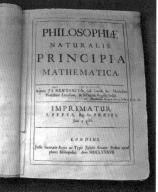

뉴턴과 그의 책 『자연철학의 수학적 원리』

하지 않은 상태에서는 사물이 그 운동 상태를 유지하고, 사물에 힘을 가하면 운동의 속도가 변화한다고 보았기 때문이죠.

이러한 이론은 힘과 질량 가속도 간의 실험을 통해 결과적으로 세 가지 운동법칙을 만들어냅니다. 여러분이 잘 아시는 '관성의 법칙', '가속도의 법칙', '작용·반작용의 법칙'입니다. 그리고 이 법칙은 달의 공전 현상을 이용해, 거리와 힘의 관계를 추가하면서 만유인력이라는 개념으로 확장합니다. 케플러의 관측 법칙을 포함하는 운동에 관한 보편적인 법칙을 만든 것이죠. 뉴턴은 이론을 약 20년 동안 정리해 1687년 『자연철학의 수학적 원리』라는 세 권짜리 책으로 출판합니다. 아리스토텔레스에 의해 분리된 세계로 생각되던 우주와 지상이 하나의 자연법칙으로 통합되는 순간입니다. 이 이론은 행성의 움직임뿐 아니라, 아리스토텔레스를 그토록 괴롭혔던 혜성의 존재와 갈릴레이가 잘못 기술해냈던 달에 의한 조수간만의 차까지 정확히 설명합니다.

🙂 천동설에서 지동설로 옮겨갔다는 건, 아리스토텔레스의 우주론과 운동론이 뉴턴의 우주론과 운동론으로 옮겨간 것과 같다고 볼 수 있겠네요?

멋진 생각이네요. '코페르니쿠스적 전환'이라고 표현되는 생각의 전환은 단순히 천체 운동의 중심을 지구에서 태양으로 초점만 바꾸는 것을 의미할 수도 있습니다. 하지만 이 단순한 초점을 바꾸기 위해 많은 과학자가 실험과 관찰 그리고 정리를 통해서 세상이 움직이는 규칙에 대한 인식을 혁명적으로 바꾸었다는 것도 기억해야 합니다.

이번 사례를 통해 이런 전환이 일어나려면 어떤 조건이 필요할지 간단히 생각해볼까요?

👶 현상을 관찰할 수 있는 실험기구가 중요한 것 같아요. 갈릴레이는 망원경을 사용했기 때문에 천동설이 틀렸다고 확신을 하게 되잖아요. 만약 아리스토텔레스도 망원경이 있었다면 그때와는 또 다른 주장을 펼쳤을 거예요.

👩 돈이 있어야 해요. 티코 브라헤는 국왕의 후원을 받아서 최고로 좋은 천문대에서 20년간이나 관측을 할 수 있었잖아요. 현대에서 봐도 힉스 입자를 발견한 입자가속기 같은 것을 개인이 소지하기에는 너무 비싸다고 생각합니다. 후원을 받거나 엄청나게 부자여야 할 것 같아요.

👶 아니면 그만한 가치가 있는 자료를 가지고 있으면 되겠지요. 케플러의 경우 평생을 가난하게 살았지만, 다행히도 브라헤가 20년간 축적한 천체에 관한 자료를 가질 기회를 얻었어요. 돈이 필요한 이유는 사실 그런 의미 있는 자료를 얻기 위한 거니까요.

👦 자료가 아무리 많다 해도 그 안에서 어떤 질서를 찾을 수 있는가도 중요한 것 같아요. 브라헤가 20년간 천문대에서 관측했지만, 결국 법칙을 발견한 건 브라헤가 남긴 자료에서 규칙을 발견한 케플러였으니까요.

👩 브라헤가 질서를 못 찾은 이유는 일종의 권위에 귀속된 고정관념이나 편견 때문은 아니었을까요? 브라헤의 우주론을 보면 사실 코페르니쿠스의 우주론으로 표현될 수 있는 문제를 일부러 지구를 중심으로 넣어 신학자들을 만족하게 했잖아요. 그 당시 천동설이 종교에 귀속되지 않았다고 해도 그렇게 주장했을까요? 마찬가지로 아리스토텔레스의 우주관이 500년간 지켜지며 프톨레마이오스에게 간 이유도 아리스토텔레스의 절대적인 권위에 사람들의 사고가 귀속돼서 감히 다른 생각을 못 했기 때문일 수도 있다는 생각이 들어요. 새로운 생각을 하기 위해서는 기존의 막강한 권위에서 자유로운 사고를 할 수 있어야 한다고 생각해요.

👶 그 당시의 사회 분위기도 중요하다고 봐요. 아까 지동설은 꾸준히

제기되어 왔다고 했는데, 그중 코페르니쿠스가 제기했던 지동설이 조금이나마 관심을 받게 된 이유는 천동설의 한계가 보완할 단계를 넘어섰다는 어떤 분위기 때문이라고 생각해요. 또 코페르니쿠스나 갈릴레이의 이론이 뛰어났지만, 종교에 의해 억압받았다는 것도 기억해야 해요. 어떤 혁명적인 생각이 나오려면 기존의 이론에 큰 결함이 있고, 보완이 더는 안 되는 상황에서 새로운 이론이 필요하다는 사회 분위기가 조성될 때죠. 물론 결정적인 증거가 있어야 그 생각이 정착할 수 있겠죠. 충분한 자료를 근거로 규칙을 찾아내고 증명해야 합니다. 아, 그러면 실험기구가 필요하겠네요.

네, 맞습니다. 하지만 혁명적 사고를 일으켰다고 해서, 그것이 항상 유지된다는 편견에 휩싸이는 것 역시 권위에 귀속되는 것이라는 걸 잊으면 안 됩니다. 그 시대의 사회 분위기에 휩쓸려 당연히 해야 할 합리적 의심을 버려서도 안 됩니다. 뉴턴은 고전 역학의 혁명을 일으켰지만, 뉴턴 역시 시간과 공간에 대해 절대적인 값이라는 고정관념을 가지고 있었어요. 이것을 후에 아인슈타인은 상대성이론을 통해 시간과 공간이 상대적으로 변할 수 있다는 것을 이론적으로 증명하지만, 아인슈타인 또한 우주는 불변한다는 편견에 사로잡혀 우주상수까지 도입하면서 정상우주론을 지키려 합니다. 이 이론은 빅뱅이론을 만든 조르주 르메트르, 그리고 빅뱅의 증거인 우주배경 복사 에너지를 우연히 찾은 벨연구소의 펜지어스와 윌슨에 의해 사장되었지요.

천재도 분명 실수를 합니다. 그리고 실수라는 것은 인간에게 아주 당연하고 자연스러운 현상입니다. 실수라는 것은 새로운 것에 도전할 때 필연적으로 찾아오는 손님 같은 거지요. 이 손님들은 올 때마다 미안하다며 대신 어떤 선물을 주고 갈 겁니다. 그 선물을 잘 열어보고 선물을 통해 배우면서 다시 앞으로 나아갈 때 만족할 만한 결과를 얻을 수 있을 거라 믿습니다.

패러다임을 깨자!

앞에서 말했듯이 과학은 새로운 사례가 발견됨에 따라 기존의 이론에 결함이 생기면 그것을 보완하는 쪽으로 발전합니다. 새로운 이론이 생겼다 사라지기도 하고, 기존의 이론이 새로운 옷으로 갈아입고 다시 나타나기도 하지요. 이렇게 과학은 현상을 좀 더 질서정연하고 완벽하게 표현하려고 노력합니다. 그리고 그 과정을 통해 발전한 지금의 과학 역시, 여전히 많은 문제를 내포하고 있습니다. 물론 이건 과학뿐 아니라 사회나 예술 다른 분야도 마찬가지입니다. 해결되지 않은 수많은 문제가 있겠지만 여기서는 우주와 관련된 과학 문제 몇 가지를 간단히 소개하려 합니다. 여러분 중에 이 문제들을 해결하여 또 한 번 고정된 인식의 틀을 깨는, 패러다임의 전환을 만들어내는 사람이 나온다면 좋겠습니다.

암흑 에너지와 암흑물질

아인슈타인의 상대성이론에 따르면 우주는 중력에 의해 팽창하거나 수축할 수 있습니다. 그는 우주는 팽창하지도, 수축하지도 않는 정적인 상태로 계속 존재해왔고, 미래에도 그 상태로 계속 존재한다는 생각을 했기 때문에 상대성이론에 우주상수라는 걸 도입해 우주의 수축을 이론적으로 막으려 했지요. 아인슈타인은 후에 1929년 허블이 우주의 팽창을 관측하여 '우주상수는 내 인생에서의 가장 큰 실수다'라는 말을 남기고 우주상수를 다시 없앱니다.

우주가 한 점에서 시작되었다는 빅뱅이론의 대두와 증거인 우주배경복사 에너지의 발견은 정상우주론을 사장시키지만, 이 우주상수는 죽지 않

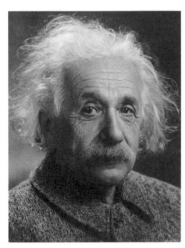
아인슈타인

고 새로운 옷을 입고 다시 과학자들에게 의미 있는 모습으로 다가옵니다.

우주는 기존의 이론에 따르면 중력에 의해 감속·팽창을 해야 하는 게 맞지만, 1990년경 사울 펄무터(Saul Perlmutter, 1959~), 브라이언 슈미트(Brian P. Schmidt, 1967~), 아담 리스(Adam Guy Riese, 1969~)가 참여한 초신성 관측 자료에서 점점 가속 팽창하고 있다는 게 밝혀졌습니다.

우주 단위에서 힘을 발휘할 수 있는 것은 분명 중력이고, 중력이란 서로를 끌어당기는 힘이기 때문에 우주 단위에서 팽창의 속력이 감소해야 한다는 것이 자연스럽지만, 우주는 그 이론을 비웃듯 훨씬 더 빠른 속도로 팽창하고 있습니다. 우리가 모르는 우주상수가 있기 때문에 우주가 팽창할지도 모른다는 것이죠. 우리는 인력을 상쇄할 수 있는 어떠한 힘을 밝혀지지 않았다는 의미로 암흑에너지라고 명명했습니다.

● 암흑물질
우주를 구성하는 총 물질의 23% 이상을 차지하고 있고, 전파· 적외선·가시광선·자 외선·X선·감마선 등 과 같은 전자기파로도 관측되지 않고 오로지 중력을 통해서만 인식 할 수 있는 물질.

암흑물질(dark matter)●도 마찬가지입니다. 우주는 에테르로 채워져 있다고 바라보는 시각도 있었고 아무것도 없는 진공이라는 의견도 있었지만, 그 안에서 중력으로만 파악되는 물질을 발견합니다. 이론적으로 은하들이 제각기 떨어지지 않고 은하단을 형성하기 위해서는 은하를 묶을 수 있을 만한 중력이 있어야 하는데, 현재까지 관찰 가능한 물질만으로는 은하를 묶을 만한 충분한 중력을 낼 수 없죠. 그것을 묶을 수 있는 미지의 물질을 현대 물리학에서는 암흑물질이라고 합니다.

초끈이론
원자가 깨지면서 수많은 소립자가 발견되었고, 소립자에 질량을 부여한다고 전해지는 힉스 입자까지 발견되면서, 세상은 무엇으로 되어 있는가에

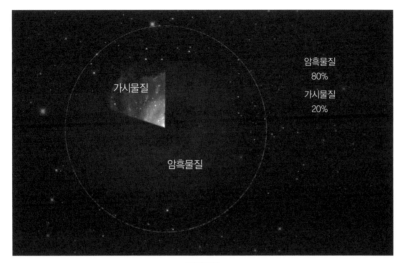

암흑물질

대해 점점 답을 찾게 된 것 같지만, 거시적인 상대성이론의 중력이 양자역학 세계에서는 들어맞지 않아 일종의 모순이 발생합니다.

그 대안으로 나온 것이 바로 끈이론(string theory)입니다. 우주의 가장 작은 단위는 0차원인 입자가 아닌 1차원인 끈의 진동으로 이루어져 있다는 것이죠. 이 이론은 소립자가 가지고 있는 모순을 해결할 수 있다는 장점이 있습니다. 이 이론이 존재하기 위해서는 10차원의 시공간이 있어야 하고 오직 수학적 적합성과 상상력만으로 이론을 확장해 나갈 수 있습니다. 우주는 일종의 막으로 되어 있다는 막이론과 1차원 더 포함된 M이론 등 다중우주의 가능성까지 확장되지만, 너무나 복잡한 이론이기도 합니다. 현재로써는 이 이론에 대해 관측이 가능한 기기가 없으므로 증명할 방법도 없습니다.

망원경이 없던 시절 아리스토텔레스의 천동설이 떠오르지 않나요? 물론 이 이론은 맞는 이론일 수 있습니다. 미래에 누군가는 이 이론을 증명할 수 있는 기구나 방법을 개발할 수 있을 것이라 믿습니다.

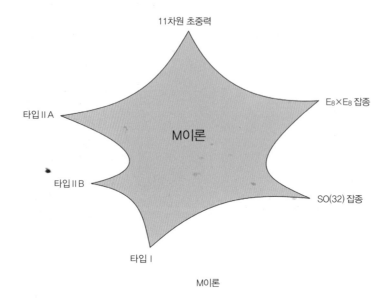

11차원 초중력

$E_8 \times E_8$ 잡종

타입 II A

M이론

타입 II B

SO(32) 잡종

타입 I

M이론

암흑에너지나 암흑물질, 초끈이론은 기존의 상대성이론이나 양자역학이 설명할 수 없는 부분을 건드리며 나온 개념입니다. 그 말은 현재 우리가 알고 있는 이론에는 우리가 미처 발견하지 못한 어떤 논리적인 오류가 있을 수도 있고 어쩌면 양자역학처럼 아주 새로운 분야를 발견할 수 있는 실마리를 발견한 것일 수도 있다는 뜻입니다. 여러분 중 누군가가 새로운 질서를 찾아 정리할 수 있다면, 세상은 또 한 번 혁명적인 전환을 맞을지도 모르겠습니다.

민태홍 | 인하대 고분자공학과 유변학 석사과정 재학 중, 물질의 흐름과 변형, 움직임에 관하여 연구 중이다.

010 Digitalarti
012 (위)Wacko Photographer
    (아래)Hiro Sheridan
014 Lwp Kommunikacio
016 (위)Robert Scoble
    (아래)PROTed Eytan
017 Yahoo
020 Atomic Taco
022 Steve Jurvetson
024 Erin Perry
027 Rosenfeld Media
032 (아래)http://www.s-ai.co.jp
033 (위)Pimkie
034 Vincent Lau
038 Ferino Design
040 (왼쪽)Michael Smith
    (오른쪽)Raniel Diaz
041 Tino Rossini
043 Dan Crowther
044 Hakan Dahlstrom
045 (왼쪽)pixelfreestyle
    (오른쪽)mariordo59
046 MIKI Yoshihito
047 (위)www.mercedes-benz.com
    (가운데)Emancipator
    (아래)The NRMA
049 Ed and Eddie
050 ITU Pictures
051 (왼쪽)Oregon State University
    (오른쪽)The NRMA
056 experimentaclub
061 (위)Giorgio Minguzzi
    (아래)Bhupinder Nayyar
062 PELeCON
063 Vanguard Visions
069 Jason Howie
070 Jim Makos
072 (왼쪽)Amy Whitney
    (가운데)Cave Paintings ketrin1407
076 AJC
090 Katie Haugland

107 openDemocracy
117 Oregon State University
120 Freddie Alequin
122 Bryan Thompson
125 Kristin
126 (왼쪽)Servier Medical Art
    (오른쪽)Image Editor
130 Satya Murthy
132 John Barrie
134 Rod Waddington
137 (왼쪽)Ian Weddell
    (오른쪽)Kars Alfrink
138 www.unchartedplay.com
139 James Emery
140 Peter Rinker
141 www.childvision.ie
143 https://youtu.be/mHS2sRL8r04
144 Engineering for Change
150 Fabelfroh
158 Sponk
163 (왼쪽)Hel-hama
    (오른쪽)Fvasconcellos
167 Meagan
168 (왼쪽)Joe Green
    (오른쪽)Donnie Ray Jones
169 (왼쪽)smerikal
    (오른쪽)Sleeping
172 www.sciencedump.com
173 Jemaleddin Cole
177 Andres Nieto Porras
179 raulbarraltamayo
184 Mehmet Pinarci
186 Tessssa13
193 Helixitta
196 Advanced Analytical Technologies Inc.
202 ardithelionheart@ymail.com
211 NASA
215 NASA
216 Cameron Liddell
237 NASA